DK趣味数学
乘法集训营

[英] 卡罗尔·沃德曼 编著 吴宁 译

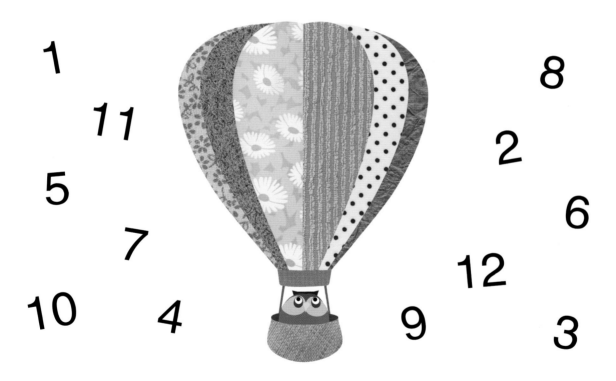

1

11

8

5

2

7

6

10

4

12

9

3

湖南少年儿童出版社
HUNAN JUVENILE & CHILDREN'S PUBLISHING HOUSE
·长沙·

小博集
BOOKY KIDS

Original Title: Times Tables Made Easy
Copyright © Dorling Kindersley Limited, 2012
A Penguin Random House Company

著作权合同登记号：字18-2024-159

图书在版编目（CIP）数据

DK趣味数学乘法集训营 / (英) 卡罗尔·沃德曼编著；吴宁译. -- 长沙：湖南少年儿童出版社，2024. 9.
ISBN 978-7-5562-7791-9

Ⅰ . O1-49

中国国家版本馆CIP数据核字第2024Y6Q331号

DK QUWEI SHUXUE CHENGFA JIXUN YING
DK 趣味数学乘法集训营

［英］卡罗尔·沃德曼 编著 吴宁 译

监　　制：齐小苗
责任编辑：唐　凌　蔡甜甜
策划编辑：盖　野
文案编辑：王静岚
营销编辑：刘子嘉
版权支持：张雪珂
封面设计：利　锐

出 版 人：刘星保
出　　版：湖南少年儿童出版社
地　　址：湖南省长沙市晚报大道89号　　邮　编：410016
电　　话：0731-82196320
常年法律顾问：湖南崇民律师事务所　柳成柱律师
经　　销：新华书店
开　　本：889 mm×1194 mm 1/16
印　　刷：惠州市金宣发智能包装科技有限公司
字　　数：248 千字　　　　　　　　印　张：16
版　　次：2024年9月第1版
印　　次：2024年9月第1次印刷
书　　号：ISBN 978-7-5562-7791-9　定　价：128.00 元
若有质量问题，请致电质量监督电话：010-59096394
团购电话：010-59320018

目　录

写给家长的话

  在帮助孩子学习乘法运算这件事上，你可以做的有很多。请留意书中"写给家长的小贴士"，其中有很多有用的建议，可以启发你如何利用日常生活场景，动用多种感官，帮助孩子学习数学基础知识。培养孩子的数学运算能力，不仅可以帮助孩子成为一名真正的数学高手，还能大大提升孩子的自信心！

猫头鹰博士的
乘法表小课堂

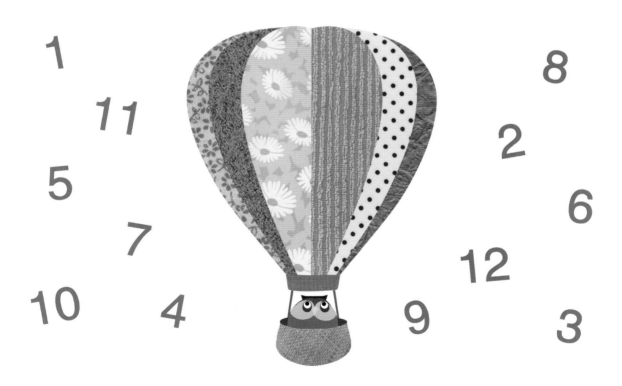

数是什么？

数是我们用来表示数量的符号。我们可以用数来表示各种事物的数量。

动物　　　　　人　　　　　地点

物体　　　　计量单位

数可以用文字或数字符号表示。

二　　六　　　　　　5　　8

五　　八　　　　　　6　　2

数一数

让我们数一数下面的事物分别有多少。

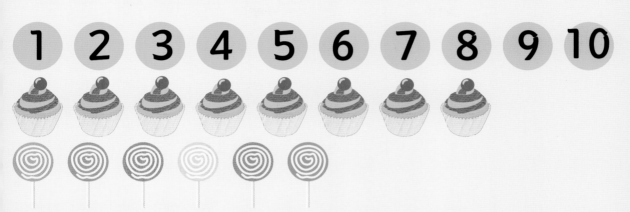

写给家长的小贴士

用孩子可以随意触摸和摆放的物品作为计数用具，例如纽扣、积木等，这样能更好地帮助孩子理解数的含义。

乘 法

如果数量比较少，数数会比较容易，但如果要数的事物很多，该怎么办呢？

如果要数的事物很多，按组计数会更容易。

我们可以按"双"计数，每双袜子有2只。

一堆袜子

$$2 + 2 + 2 + 2 + 2 = 10$$

我们用了加法计算总数。

一共有多少双袜子？答案是5双，每双有2只袜子，总数也可以写成：

$$5 \times 2 = 10$$

这次我们用的是乘法。

5 × 2 与 **2 × 5** 一样，虽然数字的顺序不同，但是答案都一样。

乘法也可以用"倍"来描述。乘法或倍的符号都是"×"。

一共有多少个苹果?

有3个果盘,每个果盘里有3个苹果。

一共有 **3 x 3 = 9** 个苹果。

一共有多少条鱼?

有2个鱼缸,每个鱼缸里有4条鱼。

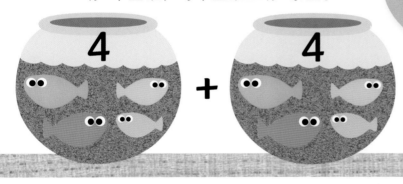

乘法是将几个相同的数连加的简便算法。

一共有 **4 x 2 = 8** 条鱼。

你能将下面的乘法算式和加法算式
进行配对吗?

4 x 7

3 + 3 + 3

6 x 4

4 + 4 + 4 + 4 + 4 + 4 + 4

6 + 6 + 6 + 6

3 x 3

写给家长的小·贴士

分组数数可以更好地帮助
孩子理解加法和乘法的概念。

9

乘法表

乘法表是一种数学表格，用于展示乘法算式和相应的答案。如果我们掌握了乘法表，进行乘法运算就会变得又快又简单。

1的乘法表超级简单。

1的乘法表

$1 × 1 = 1$
$2 × 1 = 2$
$3 × 1 = 3$
$4 × 1 = 4$
$5 × 1 = 5$
$6 × 1 = 6$
$7 × 1 = 7$
$8 × 1 = 8$
$9 × 1 = 9$
$10 × 1 = 10$
$11 × 1 = 11$
$12 × 1 = 12$

"×1"表示只有一组东西。

每个果盘里有3个苹果，有1个果盘，一共有多少个苹果？
3个。

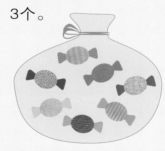

每包糖里有7颗糖果，有1包糖，一共有多少颗糖果？
7颗。

每只狗有4条腿，有1只狗，一共有多少条腿？
4条。

数的规律

只要弄清数的规律，你就很容易记住乘法表。你能找到下面这些数有什么规律吗？

观察数字方阵，探索乘法表的规律。

1	2	3	4	5	6	7	8	9	10
11	12	13	14	15	16	17	18	19	20
21	22	23	24	25	26	27	28	29	30
31	32	33	34	35	36	37	38	39	40
41	42	43	44	45	46	47	48	49	50
51	52	53	54	55	56	57	58	59	60
61	62	63	64	65	66	67	68	69	70
71	72	73	74	75	76	77	78	79	80
81	82	83	84	85	86	87	88	89	90
91	92	93	94	95	96	97	98	99	100

不在白色圆圈里的数是奇数。

这些数都是以0结尾，它们都出现在10的乘法表中。

白色圆圈里的数是偶数，它们都是用整数乘2得到的。

奇数和偶数

所有整数不是奇数，就是偶数。
奇数以 1，3，5，7，9结尾。
偶数以2，4，6，8，0结尾。

1 2 3 4 5 6 7 8 9 10

写给家长的小·贴士

现在是玩涂色游戏的好机会。你可以复印上面的数字方阵，让孩子按照一定的规律给相应的数涂色。

在动物园学习 2的乘法表

在生活中，很多事物都是成对出现的，比如袜子、鞋子、手、脚、眼睛、耳朵等。你还能想到其他成对出现的事物吗？

冰场里一共有多少只企鹅？它们是成对站在一起的，所以让我们以2为单位进行计数：

$$2 \quad 4 \quad 6 \quad 8 \quad 10$$

动物的吃饭时间到了，动物管理员要先给偶数围栏里的动物喂食，你知道偶数围栏里是哪些动物吗？

第13页有几对火烈鸟？

所有整数乘2得到的答案都是2的倍数。

2的乘法表

1 x 2 = 2

2 x 2 = 4

3 x 2 = 6

4 x 2 = 8

5 x 2 = 10

6 x 2 = 12

7 x 2 = 14

8 x 2 = 16

9 x 2 = 18

10 x 2 = 20

11 x 2 = 22

12 x 2 = 24

2 x 6 = ___

6只火烈鸟一共有几条腿？

3, 4, 5, 6

3对。

和小动物一起学习 10的乘法表

10的乘法表学起来很容易。0以外的任何整数乘10，只要在这个整数后面加一个0就可以得到结果。

这些瓢虫身上一共有几个点？

$$3 \times 10 = 30$$

记得加 0。

$$1 \times 10 = 10$$
$$2 \times 10 = 20$$
$$3 \times 10 = 3\_$$
$$4 \times 10 = \_\_\_$$

看！10只蚂蚁排队走。

下面一共有多少只蚂蚁？

$$4 \times 10 = 40$$

第14—15页一共有多少只苍蝇在飞来飞去？

把数变大

让我们把这些数变成原来的10倍。记住，我们只要在每个数后面加一个0就可以了。

x 10

4**0**

7**0**

3**0**

9**0**

2**0**

40 90 70 20 30

下面一共有多少颗种子？

5 x 10 = ___

10的乘法表

1 x 10 = 10

2 x 10 = 20

3 x 10 = 30

4 x 10 = 40

5 x 10 = 50

6 x 10 = 60

7 x 10 = 70

8 x 10 = 80

9 x 10 = 90

10 x 10 = 100

11 x 10 = 110

12 x 10 = 120

10 分。

在天空中学习
5的乘法表

当你以5为单元进行计数时，每隔一个数都以5结尾，相邻两个以5结尾的数之间的数，都以0结尾。

5 10 15 20 25 30 35 40 45 50······

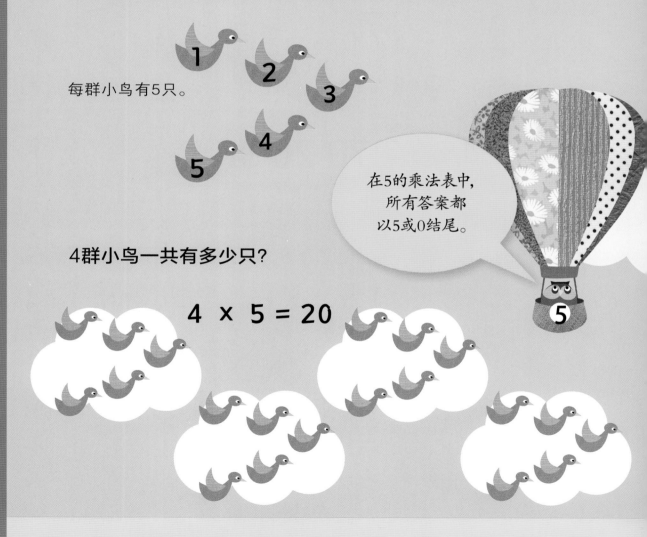

每群小鸟有5只。

在5的乘法表中，所有答案都以5或0结尾。

4群小鸟一共有多少只？

4 × 5 = 20

每群小鸟有5只，5群小鸟一共有多少只？

在右边的数字方阵中，5 的倍数有两列。

1	2	3	4	5	6	7	8	9	10
11	12	13	14	15	16	17	18	19	20
21	22	23	24	25	26	27	28	29	30
31	32	33	34	35	36	37	38	39	40
41	42	43	44	45	46	47	48	49	50
51	52	53	54	55	56	57	58	59	60
61	62	63	64	65	66	67	68	69	70
71	72	73	74	75	76	77	78	79	80
81	82	83	84	85	86	87	88	89	90
91	92	93	94	95	96	97	98	99	100

5 的乘法表

$1 \times 5 = 5$

$2 \times 5 = 10$

$3 \times 5 = 15$

$4 \times 5 = 20$

$5 \times 5 = 25$

$6 \times 5 = 30$

$7 \times 5 = 35$

$8 \times 5 = 40$

$9 \times 5 = 45$

$10 \times 5 = 50$

$11 \times 5 = 55$

$12 \times 5 = 60$

几束气球飘到了天上，每束有 5 只气球。

写给家长的小·贴士

你可以利用 1 周里有 5 天要上学来让孩子理解 5 的乘法表。可以问问他 2 周有多少天要去学校，一直让孩子算到 12 周。

这里有＿＿束气球，
一共有＿＿只气球。

25只。

在海边学习 3的乘法表

有了这些海洋动物的帮助,学习3的乘法将会变得非常简单。

海面上一共有多少只鸟?

2 x 3 = 6

鱼在一起游动,1群鱼里有3条鱼。

写给家长的小·贴士

大声重复朗读乘法表能让孩子记得更牢。你可以把3的乘法表编成一首歌,这样孩子记起来会更容易。

每群鱼里有3条鱼,2群鱼里一共有多少条鱼?

一共有多少只螃蟹在沙地上爬?

3 x 3 = 9

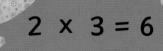

2 x 3 = 6

第18—19页的海里一共有多少条鱼在游来游去?

1	2	3	4	5	6	7	8	9	10
11	12	13	14	15	16	17	18	19	20
21	22	23	24	25	26	27	28	29	30
31	32	33	34	35	36	37	38	39	40
41	42	43	44	45	46	47	48	49	50
51	52	53	54	55	56	57	58	59	60
61	62	63	64	65	66	67	68	69	70
71	72	73	74	75	76	77	78	79	80
81	82	83	84	85	86	87	88	89	90
91	92	93	94	95	96	97	98	99	100

3的乘法表

$1 \times 3 = 3$

$2 \times 3 = 6$

$3 \times 3 = 9$

$4 \times 3 = 12$

$5 \times 3 = 15$

$6 \times 3 = 18$

$7 \times 3 = 21$

$8 \times 3 = 24$

$9 \times 3 = 27$

$10 \times 3 = 30$

$11 \times 3 = 33$

$12 \times 3 = 36$

因为3是奇数，所以它的倍数里奇数和偶数交替出现。

沙地上一共有多少枚金币？

$5 \times 3 = \underline{\quad}$

15枚。

在花园里学习
4的乘法表

让我们试着以4为单元进行计数。注意，因为4是偶数，所以它的倍数也是偶数。

4　8　12　16　20　24 ……

这里有4棵植物，每棵植物都有1朵黄花。一共有几朵黄花？当然是4朵！

花园里一共有几朵红花？

$$2 \times 4 = 8$$

第20—21页的花园里一共有多少只蜗牛？

4的倍数以0，2，4，6和8结尾。看，这个规律在右边的数字方阵中反复出现。

1	2	3	4	5	6	7	8	9	10
11	12	13	14	15	16	17	18	19	20
21	22	23	24	25	26	27	28	29	30
31	32	33	34	35	36	37	38	39	40
41	42	43	44	45	46	47	48	49	50
51	52	53	54	55	56	57	58	59	60
61	62	63	64	65	66	67	68	69	70
71	72	73	74	75	76	77	78	79	80
81	82	83	84	85	86	87	88	89	90
91	92	93	94	95	96	97	98	99	100

4的乘法表

1 x 4 = 4

2 x 4 = 8

3 x 4 = 12

4 x 4 = 16

5 x 4 = 20

6 x 4 = 24

7 x 4 = 28

8 x 4 = 32

9 x 4 = 36

10 x 4 = 40

11 x 4 = 44

12 x 4 = 48

如果兔子只吃序号为4的倍数的胡萝卜，那么它会吃哪几根胡萝卜？

1 2 3 4 5 6 7 8 9 10 11 12

写给家长的小·贴士

早晨是测试和练习乘法的最佳时段，因为此时孩子的大脑比较清醒，也是孩子一天中精力较为旺盛的时候。在短暂的时间里集中学习比长时间的学习效果更好。

12只。

变魔术时学习 9的乘法表

9的乘法表看起来也许有点儿难，别担心，聪明的猫头鹰会告诉你几个小窍门。

太神奇了！猫头鹰从它的高顶礼帽中变出了9只白兔。

这次猫头鹰从高顶礼帽中变出了多少只白兔？

2 × 9 = 18

这一页里一共有多少只白兔？

22

仔细观察右侧的数字方阵，你会发现，当从小到大排列9的倍数时，这些9的倍数的十位数在依次加1，而个位数在依次减1（99除外）。

1	2	3	4	5	6	7	8	9	10
11	12	13	14	15	16	17	18	19	20
21	22	23	24	25	26	27	28	29	30
31	32	33	34	35	36	37	38	39	40
41	42	43	44	45	46	47	48	49	50
51	52	53	54	55	56	57	58	59	60
61	62	63	64	65	66	67	68	69	70
71	72	73	74	75	76	77	78	79	80
81	82	83	84	85	86	87	88	89	90
91	92	93	94	95	96	97	98	99	100

9的乘法表

$1 \times 9 = 9$

$2 \times 9 = 18$

$3 \times 9 = 27$

$4 \times 9 = 36$

$5 \times 9 = 45$

$6 \times 9 = 54$

$7 \times 9 = 63$

$8 \times 9 = 72$

$9 \times 9 = 81$

$10 \times 9 = 90$

$11 \times 9 = 99$

$12 \times 9 = 108$

奇妙的数

9和它的倍数都很特殊。将9的倍数的每个数位上的数字相加，得到的结果都是9或9的倍数。

$2 \times 9 = 1 \quad 8$

$1 + 8 = 9$

$3 \times 9 = 2 \quad 7$

$2 + 7 = 9$

下面哪些数是9的倍数？

32　56　27　93　54　9

15　73　44　81　72

27个。

在糖果店学习 6的乘法表

当你学会乘法后，生活会更甜蜜，在商店买东西时你能更快算出价格和数量。

左边有6根大大的棒棒糖，看上去又漂亮又美味，吃起来也很甜。

这里有2组棒棒糖，每组6根，一共有多少根棒棒糖？

$$2 \times 6 = 12$$

记住，无论是写成 2×6，还是 6×2，答案都是一样的。

第24—25页的袋子里一共有多少块棉花糖？

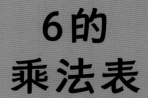

6的乘法表

1	2	3	4	5	6	7	8	9	10
11	12	13	14	15	16	17	18	19	20
21	22	23	24	25	26	27	28	29	30
31	32	33	34	35	36	37	38	39	40
41	42	43	44	45	46	47	48	49	50
51	52	53	54	55	56	57	58	59	60
61	62	63	64	65	66	67	68	69	70
71	72	73	74	75	76	77	78	79	80
81	82	83	84	85	86	87	88	89	90
91	92	93	94	95	96	97	98	99	100

在右边的数字方阵中，6的倍数有一定的分布规律，它们可以连成四条斜线。

$1 \times 6 = 6$

$2 \times 6 = 12$

$3 \times 6 = 18$

$4 \times 6 = 24$

$5 \times 6 = 30$

$6 \times 6 = 36$

$7 \times 6 = 42$

$8 \times 6 = 48$

$9 \times 6 = 54$

$10 \times 6 = 60$

$11 \times 6 = 66$

$12 \times 6 = 72$

架子上的每个罐子里都有6块糖果，一共有多少块糖果？

$$7 \times 6 = \underline{\quad}$$

写给家长的小·贴士

是时候打开存钱罐了！你可以用现金，或在带孩子购物时，让孩子练习乘法，这样孩子会更真切地感受到乘法是多么有用。

24块。

在太空中学习 7的乘法表

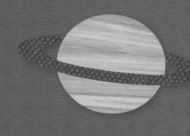

现在你的乘法已经掌握得不错了。如果学会了7的乘法表，你离乘法高手就更进一步了。

一个星团有7颗星星。

一个星团有7颗星星，3个星团一共有多少颗星星？

$$3 \times 7 = 21$$

你能看到多少颗流星？

$$2 \times 7 = \underline{\quad}$$

第27页的火星人一共有多少根触角？

1	2	3	4	5	6	⑦	8	9	10
11	12	13	⑭	15	16	17	18	19	20
㉑	22	23	24	25	26	27	㉘	29	30
31	32	33	34	㉟	36	37	38	39	40
41	㊷	43	44	45	46	47	48	㊾	50
51	52	53	54	55	㊻	57	58	59	60
61	62	㊿	64	65	66	67	68	69	⑦⓪
71	72	73	74	75	76	⑦⑦	78	79	80
81	82	83	⑧④	85	86	87	88	89	90
⑨①	92	93	94	95	96	97	⑨⑧	99	100

乘法与火星人

这些生物是火星人，他们生活在外太空。每个火星人有：

3根触角

4只眼睛

5条胳膊

8条腿

你知道我们一共有多少只眼睛，多少条腿，多少条胳膊吗?

7 × 4 = _____ 只眼睛

7 × 8 = _____ 条腿

7 × 5 = _____ 条胳膊

7的 乘法表

$1 \times 7 = 7$

$2 \times 7 = 14$

$3 \times 7 = 21$

$4 \times 7 = 28$

$5 \times 7 = 35$

$6 \times 7 = 42$

$7 \times 7 = 49$

$8 \times 7 = 56$

$9 \times 7 = 63$

$10 \times 7 = 70$

$11 \times 7 = 77$

$12 \times 7 = 84$

21倍。

在烘焙时学习 8的乘法表

当我们制作食物，如烘焙时，乘法会变得很有用，它可以帮助我们计算出正确的数量。

8的倍数都是偶数。

左边有8块小蛋糕，上面覆盖着粉红色的糖霜，看起来很好吃！

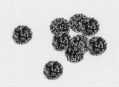

如果我们做了2倍数量为8块的蛋糕，那么一共是多少块？

$$2 \times 8 = 16$$

"2倍数量"的意思是"用2乘该蛋糕的数量"。

写给家长的小·贴士

熟能生巧，重复练习可以让孩子加强记忆。你可以用快问快答的形式测验孩子是否熟练掌握了乘法。当孩子答对时，不妨给他一些奖励。

第28—29页里一共有多少颗樱桃？

1	2	3	4	5	6	7	8	9	10
11	12	13	14	15	16	17	18	19	20
21	22	23	24	25	26	27	28	29	30
31	32	33	34	35	36	37	38	39	40
41	42	43	44	45	46	47	48	49	50
51	52	53	54	55	56	57	58	59	60
61	62	63	64	65	66	67	68	69	70
71	72	73	74	75	76	77	78	79	80
81	82	83	84	85	86	87	88	89	90
91	92	93	94	95	96	97	98	99	100

8的 乘法表

$1 \times 8 = 8$

$2 \times 8 = 16$

$3 \times 8 = 24$

$4 \times 8 = 32$

$5 \times 8 = 40$

$6 \times 8 = 48$

$7 \times 8 = 56$

$8 \times 8 = 64$

$9 \times 8 = 72$

$10 \times 8 = 80$

$11 \times 8 = 88$

$12 \times 8 = 96$

啊！糟糕！洒出来的面浆把一些数盖住了。你能算出被盖住的数吗？

$8 \times 3 =$

$8 \times = 72$

$4 \times = 32$

$8 \times 12 =$

$7 \times 8 =$

$10 \times 8 =$

$ \times 8 = 16$

16颗（8颗在蛋糕上面，8颗掉落我们的头上。）

29

游戏

这些有趣的游戏可以检验你的乘法表知识掌握得怎么样。

花一些时间来解答这些问题。遇到没有记住的乘法表，就重点练习。

意大利面之谜

你能解开下面交错在一起的意大利面，找到每个乘法算式的答案吗？

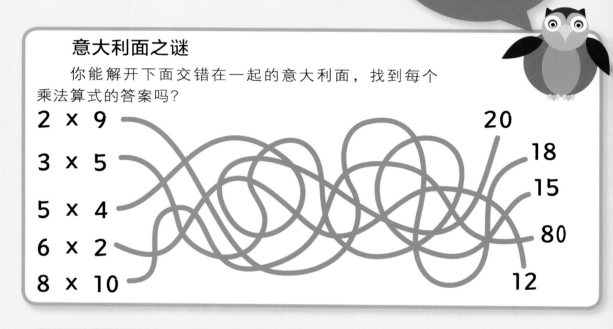

2 × 9   20

3 × 5   18

5 × 4   15

6 × 2   80

8 × 10   12

帮小狗回家

你能找出每只小狗属于哪个狗窝吗？

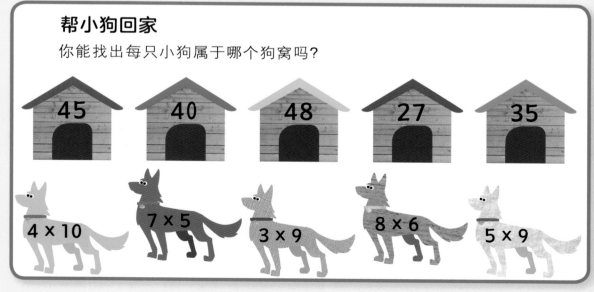

45   40   48   27   35

4 × 10   7 × 5   3 × 9   8 × 6   5 × 9

去钓鱼

将每条鱼上的数与它所在的乘法表对应起来。

3的乘法表　　5的乘法表　　4的乘法表　　7的乘法表

6
14
49
50
18
16
32
9

遗失的数

在横线下面找到合适的小朋友，将这些乘法算式补充完整吧。

2 x ? = 18

? x 4 = 28

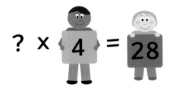

5 x 5 = ?

6 x ? = 24

 9
 6
 20
 4
 7
 25

游戏答案

意大利面之谜

2 × 9 = 18
3 × 5 = 15
5 × 4 = 20
6 × 2 = 12
8 × 10 = 80

去钓鱼

帮小狗回家

40
4 x 10

27
3 x 9

35
7 x 5

48
8 x 6

45
5 x 9

遗失的数

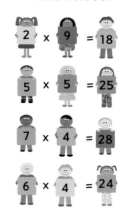

2 x 9 = 18
5 x 5 = 25
7 x 4 = 28
6 x 4 = 24

生活中的
乘法与除法

专项学习打卡

翻开下一页，让我们继续学习乘法吧！

你好！

可以从游戏、谜题、魔术中学习乘法。

乘法很有趣!

3

10

7

乘法和除法

乘法表可以告诉我们乘法运算和除法运算的答案，它可以让复杂的算术变得简单、快捷。

乘 法

乘法是把很多个相同的数加起来的一种快捷计算方法。

这些树上一共有多少个苹果?
有两种方法可以算出答案。

当你在题目中看到下面这些词时，就准备进行乘法运算吧：

倍数　　几堆　　几组　　乘　　两倍

缓慢的方法：你可以把所有的苹果加起来，像这样：$7 + 7 + 7 + 7 = 28$。

快捷的方法：你可以使用乘法，像这样：$7 \times 4 = 28$。

除 法

除法是用一个数多次减去另一个数，直到结果为零或接近零的一种快捷计算方法。

当你在题目中看到下面这些词时，就准备进行除法运算吧：

分享　　划分　　除　　每组相等　　分成几份

如果你一共有15个苹果，算出一个苹果派能放几个苹果。
你需要算出几个5等于15。

缓慢的方法：你可以通过减法算出答案，像这样：$15 - 5 - 5 - 5 = 0$，说明3组5个和15个一样多，所以每个苹果派能放3个苹果。

快捷的方法：你可以使用除法，像这样：$15 \div 5 = 3$。

我们在什么时候使用乘法和除法呢？

我们在日常生活中经常使用乘法和除法。

3 个鸡蛋 × 3 = 9 个鸡蛋。

做饭的时候。

1 千克 × 3 = 3 千克。

购物的时候。

10块 ÷ 5 = 每份2块。

分享食物的时候。

我们常常在无意中使用乘法和除法。

2分 × 6 = 12 分。

运动的时候。

5 分钟 × 5 = 25分钟。

计算时间的时候。

用歌曲学习

文字配合音乐更容易记忆。为了帮助你学习乘法，可以将乘法表编成歌。

在编的歌曲里将每个数的乘法重复五次，跟着一起唱。你可以试着玩这样的游戏：在唱出答案之前先说出答案。如果你愿意的话，也可以伴着音乐一起跳舞！

你还可以访问下面的网址，收听英文的乘法表：
www.dk.com/timestables

1的乘法表

1 × 1 = 1
2 × 1 = 2
3 × 1 = 3
4 × 1 = 4
5 × 1 = 5
6 × 1 = 6
7 × 1 = 7
8 × 1 = 8
9 × 1 = 9
10 × 1 = 10
11 × 1 = 11
12 × 1 = 12

朗读上面的1的乘法表。

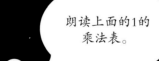

1的乘法表

当一个数乘1时，结果与原来的数相同，没有变化。

1个袋子里有7颗弹珠。

只有一份……

乘1的意思是"只有一份"。

例如，每个袋子里有7颗弹珠。1个袋子里一共有多少颗弹珠？7颗。

有多少？

每张网里有3条鱼。

1张网里一共有多少条鱼？

每朵花有6片花瓣。

1朵花一共有多少片花瓣？

每个篮子里有12个苹果。1个篮子里一共有多少个苹果？

每个钱包里有7枚硬币。1个钱包里一共有多少枚硬币？

1的乘法像一面镜子

任何数字乘1得到的仍是它本身，例如：8 × 1 = 8。

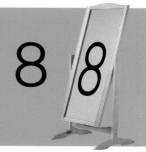

答案：3条鱼，6片花瓣，12个苹果，7枚硬币。

0的乘法表

当一个数乘0时，结果为0。

什么都没有

如果一堆东西是空的，那么无论你有多少堆，都意味着什么都没有。

例如，每个糖果罐里有0颗糖果。1个糖果罐里一共有多少颗糖果？0颗。

每个糖果罐里有0颗糖果。

每个鸟笼里有0只鸟。2个鸟笼里一共有多少只鸟？

每个池塘里有0只青蛙。3个池塘里一共有多少只青蛙？

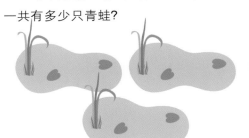

每个篮子里有0个鸡蛋。4个篮子里一共有多少个鸡蛋？

计算器游戏

1000000

在计算器上输入1000000，然后按"×0="，答案是什么？这表明无论数有多大，乘0后答案仍然为0。

贪婪的吃数怪物

0就像一个贪婪的怪物。任何数与0相乘，都会被它吃掉。

1 × 0 = 0

2 × 0 = 0

3 × 0 = 0

4 × 0 = 0

5 × 0 = 0

6 × 0 = 0

7 × 0 = 0

8 × 0 = 0

9 × 0 = 0

10 × 0 = 0

11 × 0 = 0

12 × 0 = 0

答案：0只鸟，0只青蛙，0个鸡蛋。

2的乘法表

2的乘法表

1 × 2 = 2
2 × 2 = 4
3 × 2 = 6
4 × 2 = 8
5 × 2 = 10
6 × 2 = 12
7 × 2 = 14
8 × 2 = 16
9 × 2 = 18
10 × 2 = 20
11 × 2 = 22
12 × 2 = 24

乘2表示翻倍、成双成对地计算。2的乘法表很快就可以学会，也很容易使用。

成对计数

生活中的许多日用品都是成对出现的，成对计数会比较方便，如下所示：

2, 4, 6, 8, 10, 12, 14, 16, 18, 20, 22, 24。

一双鞋　　　　　一双袜子　　　　　一副手套

两个一组计数

3双鞋里一共有多少只鞋？

3 × 2 = 6

5双袜子里一共有多少只袜子？

6副手套里一共有多少只手套？

注意！2的乘法表中的所有答案都是偶数。

答案：10只袜子，12只手套。

数成对的东西时可以用乘法。"1对是2个，4对就是8个"，可以写成"4 × 2 = 8"。

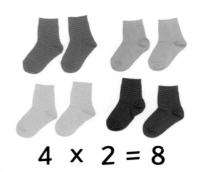

$$4 \times 2 = 8$$

奇数和偶数

偶数的个位数是：

2 4 6 8 0

奇数的个位数是：

1 3 5 7 9

2的倍数的个位数都是偶数。这个规律能帮助你记忆。

你能判断下面这些数是奇数还是偶数吗？

52

436

452789

1	2	3	4	5	6	7	8	9	10	11	12
奇数	偶数	奇数	偶数	奇数	偶数	奇数	偶数	奇数	偶数	奇数	偶数

翻倍机器

你可以将乘2的运算看成一台不可思议的翻倍机器。无论你输入什么，结果都会变成原来的两倍！这样的机器是不是很神奇？

放进去1只袜子，
1个泰迪熊，
2个足球和4枚硬币。

记 住

朗读2的乘法表，然后盖住答案，试试看着算式直接报出答案。你能说对吗？

输入

翻倍机器

出来多少个足球？

出来多少枚硬币？

出来多少个泰迪熊？

出来多少只袜子？

输出

答案：52是偶数，436是偶数，452789是奇数。 4只足球，8枚硬币，2个泰迪熊，2只袜子。

41

2的乘法表

去购物

2的乘法表可以帮你计算价钱，这在你购物时很有用！

糖果店

我能买多少颗太妃糖？

2倍太妃糖

1颗太妃糖的价格是2便士。

注：便士是英国等国的货币单位。

2便士

2便士 2便士
2便士 2便士

买4颗太妃糖需要8便士，因为 4 × 2 = 8。

买5颗太妃糖需要多少钱？

2便士 2便士
2便士 2便士 2便士

2便士 2便士 2便士
2便士 2便士 2便士 2便士

买7颗太妃糖需要多少钱？

买9颗太妃糖需要多少钱？

2便士 2便士 2便士 2便士
2便士 2便士 2便士 2便士 2便士

2便士 2便士 2便士
2便士 2便士 2便士

买6颗太妃糖需要多少钱？

买8颗太妃糖需要多少钱？

2便士 2便士 2便士 2便士
2便士 2便士 2便士 2便士

2便士 2便士 2便士 2便士 2便士
2便士 2便士 2便士 2便士 2便士 2便士

买11颗太妃糖需要多少钱？

答案：买5颗为10便士，7颗为14便士，9颗为18便士，6颗为12便士，8颗为16便士，11颗为22便士。

公平分享

想象一下，你要和一位朋友分享24颗太妃糖，你们每人会得到多少颗太妃糖？

想一想，将多少乘2能得到24？

这可有点儿棘手。

计算器游戏

$$2 \times 2 =$$

你觉得$2 \times 2 \times 2 \times 2$等于多少？

把这个乘式输入到计算器中。如果你先输入2，然后输入20次"$\times 2$"，你会得到多大的数？结果一定会令你大吃一惊。

报童

你可以把2的乘法表看作一条数字线。报童正在送报纸，如下图所示，他每隔一座房子送一份报纸。他送过报纸的房子的号码和2的乘法表中的答案是一样的。那他接下来会去哪座房子送报纸呢？

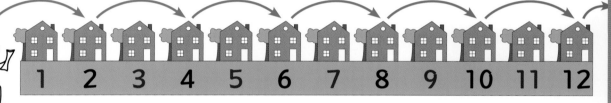

1 2 3 4 5 6 7 8 9 10 11 12

英文单词multiple（倍数）与multiplication（乘法）同源。6是2的倍数，因为2与3相乘得6。

找出不合群的数

下面这些数中哪些不是2的倍数？（请记住，2的乘法表中所有答案都是偶数。）

重要提示

只要你会算加法，就很容易掌握2的乘法表。请记住，一个数的两倍与这个数字自己加自己的答案相同。

例如：$5 \times 2 = 5 + 5$。

24 7 14 6 15 9 13 8 10 21

5的乘法表

5的乘法表

伸出一只手，你就可以数到5。如果你可以数到5，那你也可以学会5的乘法！

你发现规律了吗？

$1 \times 5 = 5$

$2 \times 5 = 10$

$3 \times 5 = 15$

$4 \times 5 = 20$

$5 \times 5 = 25$

$6 \times 5 = 30$

$7 \times 5 = 35$

$8 \times 5 = 40$

$9 \times 5 = 45$

$10 \times 5 = 50$

$11 \times 5 = 55$

$12 \times 5 = 60$

看，5的乘法表中所有答案的个位数都是5或0。

如果5与奇数相乘，答案的个位数就是5。

如果5与偶数相乘，答案的个位数就是0。

5个一组

下面这些物体都是5个为一组的。你可以使用5的乘法表快速计数。像这样数：

5, 10, 15, 20, 25, 30, 35, 40, 45, 50, 55, 60。

 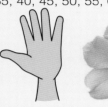

5根脚趾　　　5只触手　　　5根手指　　　5片花瓣

5个一组计数

4只手一共有多少根手指？　　　9只海星一共有多少只触手？

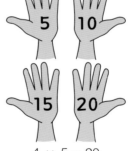 

$4 \times 5 = 20$

7朵花一共有多少片花瓣？　　　6只脚一共有多少根脚趾？

 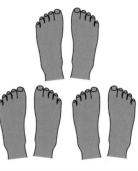

答案：45只触手，35片花瓣，30根脚趾。

熟能生巧

大声朗读5的乘法表，然后让朋友拿着书来考一考你。你能记得答案吗？

正算和反算

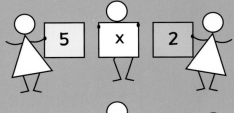

你有没有注意到2×5和5×2的答案是相同的？

$$5 \times 2 = 10$$
$$2 \times 5 = 10$$

5颗太妃糖与2根棒棒糖的价格相同。

2便士 2便士 2便士 2便士 2便士 = 10便士 = 5便士 5便士

两个数相乘，无论哪个数在前，哪个数在后，答案都是一样的。这意味着你已经知道了其他乘法表中的一些答案。

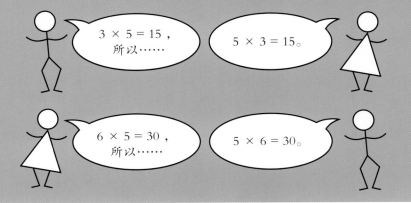

$3 \times 5 = 15$，所以……

$5 \times 3 = 15$。

$6 \times 5 = 30$，所以……

$5 \times 6 = 30$。

清洗窗户

你可以把5的乘法表看作一条数字线。想象一下，一个窗户清洁工正沿着摩天大楼往上爬，每5层楼停一次。他下一次停下时是在哪层楼？

别向下看！

答案：第25层楼。

5的乘法表

5倍的钟

5的乘法表可以帮助你认识时间。以分钟为单位，钟表盘上的每个数字刻度的间隔都是5分钟。

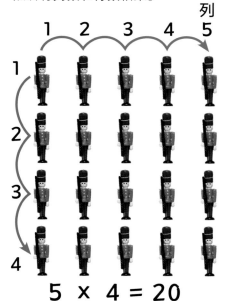

重要提示

把乘10的答案减半，你就可以得到乘5的答案。

$6 \times 10 = 60$，60的一半是30，所以 $6 \times 5 = 30$。

如果钟表的分针指向2，则表示整点过了10分钟，因为 $5 \times 2 = 10$。

如果钟表的分针指向5，则表示整点过了25分钟，因为 $5 \times 5 = 25$。

如果钟表的分针指向6，表示整点过了多少分钟？

如果钟表的分针指向9，表示整点过了多少分钟？

行和列

你可以用乘法来计算成排成列物体的数量。先数有多少列，再数有多少行，然后将列数和行数相乘。

列

1　2　3　4　5

行

1

2

3

4

$5 \times 4 = 20$

一共有多少辆汽车？

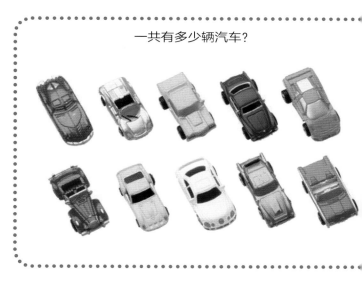

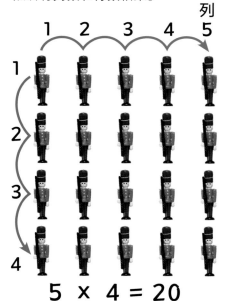

去购物

下面每枚硬币的面值都是5便士。

如果你有3枚硬币，它们的价值就是15便士，因为 5 × 3 = 15。

如果你有7枚硬币，它们的价值是多少？

如果你有4枚硬币，它们的价值是多少？

如果你有9枚硬币，它们的价值是多少？

如果你有6枚硬币，它们的价值是多少？

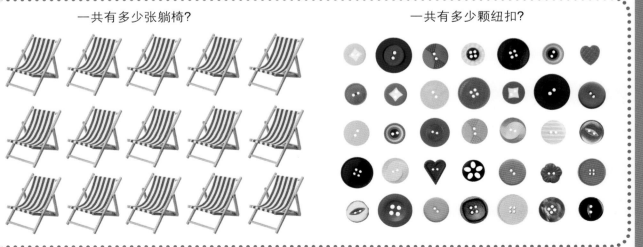

一共有多少张躺椅？　　　　　　一共有多少颗纽扣？

答案：35便士，20便士，45便士，30便士。10辆汽车，15张躺椅，35颗纽扣。

47

10的乘法表

$1 \times 10 = 10$

$2 \times 10 = 20$

$3 \times 10 = 30$

$4 \times 10 = 40$

$5 \times 10 = 50$

$6 \times 10 = 60$

$7 \times 10 = 70$

$8 \times 10 = 80$

$9 \times 10 = 90$

$10 \times 10 = 100$

$11 \times 10 = 110$

$12 \times 10 = 120$

你能看出10的乘法表的规律吗？从1到12，只要在每个数后面加一个0就好了。

10的乘法表

你不需要背这个乘法表，只要知道其中的简单规律就可以。

只需要加0

在一个数的末尾加一个0，就可以把这个数变成原来的十倍大。这意味着这个数的个位数会变为十位数，十位数则变为百位数。

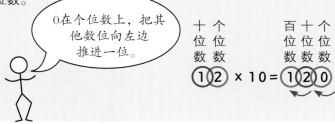

0在个位数上，把其他数位向左边推进一位。

$(1\;2) \times 10 = (1\;2\;0)$

每组有10支铅笔，下面一共有多少支铅笔？

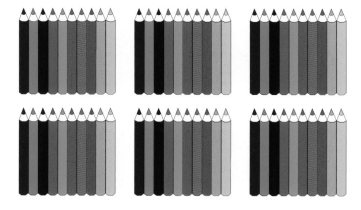

每组有10个回形针，下面一共有多少个回形针？

试着把这些大的数乘10。

$73 \times 10 =$

$135 \times 10 =$

$245 \times 10 =$

你能算出451236乘10等于多少吗？

答案：60支铅笔，40个回形针。$73 \times 10 = 730$，$135 \times 10 = 1350$，$245 \times 10 = 2450$。$451236 \times 10 = 4512360$。

打保龄球

每击倒一个球瓶，能得10分。你能说出下面每组的得分吗？

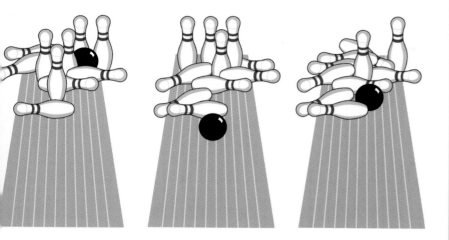

百和千

乘100和1000的运算一样很容易。整数与100相乘，结果只需要在整数后加2个0。整数与1000相乘，则需要在整数后加3个0。你要确保在答案中加的0与乘数中0的数量相同。

在这个游戏中，每消灭一个外星入侵者，你就可以获得相应的分数。你能算出每个例子中分别能得多少分吗？

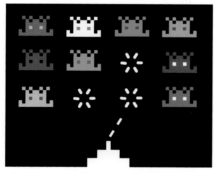

每消灭一个外星入侵者得100分。

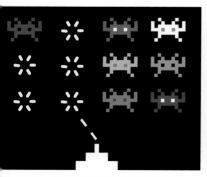

每消灭一个外星入侵者得1000分。

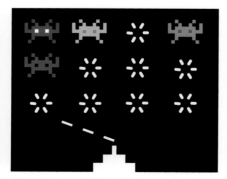

每消灭一个外星入侵者得1000分。

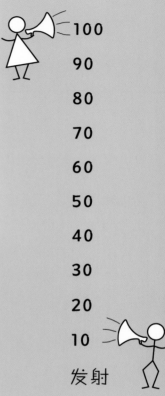

100
90
80
70
60
50
40
30
20
10
发射

答案：保龄球：50分，60分，80分。入侵者：300分，5000分，8000分。

10的乘法表

手指乘法游戏

这个快节奏的双人游戏可以帮助你练习从0到10的乘法。

重要提示

计算以0结尾的数的乘法，可以分为两个步骤。

例如：假如你想用50乘6。

第一步，忽略0，用50的前半部分，也就是5，乘6。

$$5\cancel{0} \times 6 = 30$$

第二步，用第一步的结果乘10。

$$30 \times \textcircled{10} = 300$$

每人先默想一个0到10之间的数。伸出手指，准备好再喊："游戏开始！"然后伸出和默想的数相等的手指数。

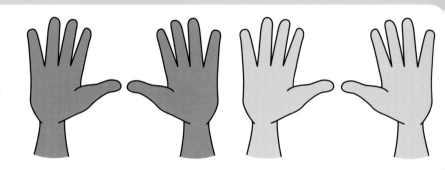

现在需要数对方伸出的手指数，然后把自己的手指数和对方的手指数相乘。

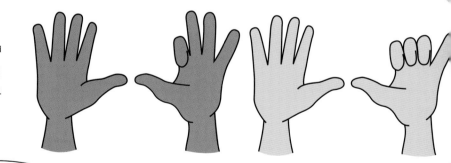

先喊出正确答案的人赢得1分。继续比赛，直到有1个人赢得10分。

大富翁

要把金额乘10，应该把小数点向右移动一位，并在最后一位数字的后面加0。

例如：

$$¥8.50 \times 10 = ¥85.00$$

制作乘法表滑动纸条

这个简单的小手工项目把背诵乘法表变成了一个有趣的快问快答游戏。

（1）取一张A4纸大小的彩色卡片，纵向折叠成两张，在其中一面剪一个宽1.5厘米、长5厘米的矩形孔。如果你愿意的话，可以用笔或贴纸做一些装饰。

（2）现在取一张白色纸，剪成长28厘米、宽9厘米的纸条。

（3）将乘法表的算式和答案顺着纸条写下来，需要注意的是答案应该写在算式的下一行（如左图）。

（4）现在把纸条放入折叠的彩色卡片中，然后拉动纸条，直到框中出现第一个算式。大声说出这个算式的答案，然后向上拉动纸条，检验你的答案是否正确。

10 × 1 =
10
10 × 2 =
20
10 × 3 =
30
10 × 4 =
40
10 × 5 =
50
10 × 6 =
60
10 × 7 =
70
10 × 8 =
80
10 × 9 =
90
10 × 10 =
100
10 × 11 =
110
10 × 12 =
120

10 × 1 =
10

10 × 3 =

为你想学习的乘法表制作不同的纸条！

野餐益智游戏

如果每包叉子有6把，餐刀是每包10把，那么你至少需要购买多少包叉子和餐刀，才能拥有数量相同的叉子和餐刀？

4的乘法表

如果你已经学会了2的乘法，那么你会发现4的乘法也很容易。记得在答案中寻找规律。

你发现规律了吗？

1 × 4 = 4
2 × 4 = 8
3 × 4 = 12
4 × 4 = 16
5 × 4 = 20
6 × 4 = 24
7 × 4 = 28
8 × 4 = 32
9 × 4 = 36
10 × 4 = 40
11 × 4 = 44
12 × 4 = 48

是的，4的乘法表中所有的答案都是偶数。

还有一个规律：当你按顺序读4的乘法表时，你会发现答案的个位数按照4，8，2，6，0的顺序依次重复。

4个一组

许多常见事物以4个一组的形式出现，你可以使用4的乘法表来计算它们的数量。

汽车有4个轮子。

椅子有4条腿。

狗有4条腿。

4个一组计数

8辆汽车一共有多少个轮子？

8 × 4 = 32

4把椅子一共有多少条腿？

6只狗一共有多少条腿？

答案：4把椅子一共有16条腿，6只狗一共有24条腿。

加倍再加倍，麻烦少了很多！

计算一个数乘4时，最简单的方法是先将这个数乘2，再将得到的结果乘2。

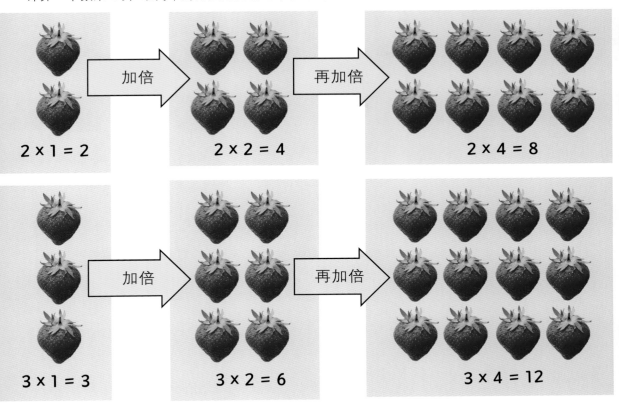

$2 \times 1 = 2$ 　　加倍　　 $2 \times 2 = 4$ 　　再加倍　　 $2 \times 4 = 8$

$3 \times 1 = 3$ 　　加倍　　 $3 \times 2 = 6$ 　　再加倍　　 $3 \times 4 = 12$

4的倍数方格

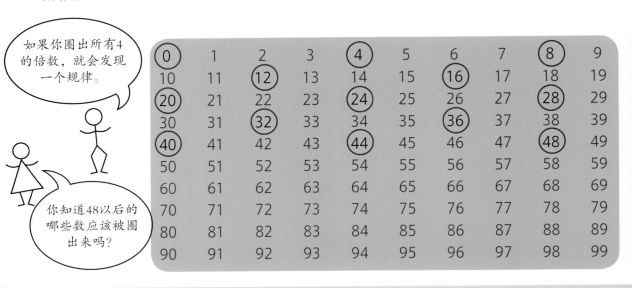

如果你圈出所有4的倍数，就会发现一个规律。

你知道48以后的哪些数应该被圈出来吗？

⓪	1	2	3	④	5	6	7	⑧	9
10	11	⑫	13	14	15	⑯	17	18	19
⑳	21	22	23	㉔	25	26	27	㉘	29
30	31	㉜	33	34	35	㊱	37	38	39
㊵	41	42	43	㊹	45	46	47	㊽	49
50	51	52	53	54	55	56	57	58	59
60	61	62	63	64	65	66	67	68	69
70	71	72	73	74	75	76	77	78	79
80	81	82	83	84	85	86	87	88	89
90	91	92	93	94	95	96	97	98	99

4的
乘法表

除法运算

你可以用乘法表做除法。除法就是将乘法倒过来计算，把乘法的积作为被除数，把乘法中的乘数作为除数和商。

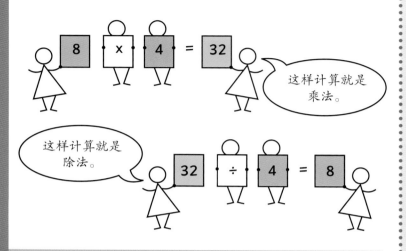

这样计算就是乘法。

这样计算就是除法。

分成等份

除法的意思是将一个数分成几等份。例如：12÷4的意思是把12分成4等份。

想象一下，有4位朋友要分享12颗弹珠。你可以这样计算：如果4颗一组，12颗能分成几组？使用乘法表，你能算得更快。

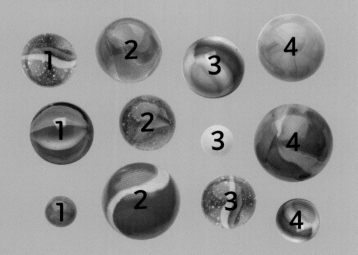

除以4很简单

用一个数除以4有一个简单快捷的计算方式。

16个蛋糕

记 住

记住乘法表的一个好方法是把它编成一首儿歌。你可以这样记：

"四乘一等于四，我要去超市。四乘二等于八，我想买个大西瓜……"

编好儿歌后，要不断大声重复，直到记熟为止。

首先，将这个数分成两等份。
（这相当于除以2。）

然后，再把每份分成两等份。

8个蛋糕

8个蛋糕

4个蛋糕

4个蛋糕

4个蛋糕

4个蛋糕

计算器游戏

44444

把下面的算式输入计算器，然后写出答案。

4 × 4 =

44 × 4 =

444 × 4 =

4444 × 4 =

44444 × 4 =

如果你愿意，可以继续输入。你发现答案中的规律了吗？

重要提示

如果两个偶数相乘，答案是偶数；两个奇数相乘，答案是奇数；奇数与偶数相乘，答案是偶数。

偶数 × 偶数 = 偶数

奇数 × 奇数 = 奇数

奇数 × 偶数 = 偶数

小猪存钱罐

把这些存钱罐中的钱平均分给4个孩子，他们每个人可以得到多少钱？

36便士

16便士

48便士

24便士

16 ÷ 4 = 4

答案：16人得9便士，每人得9便士。48分给4人，每人得12便士，24分给4人，每人得6便士。

11的乘法表

$1 \times 11 = 11$

$2 \times 11 = 22$

$3 \times 11 = 33$

$4 \times 11 = 44$

$5 \times 11 = 55$

$6 \times 11 = 66$

$7 \times 11 = 77$

$8 \times 11 = 88$

$9 \times 11 = 99$

$10 \times 11 = 110$

$11 \times 11 = 121$

$12 \times 11 = 132$

11的乘法表

一个对你有帮助的规律

10以内的一位数与11相乘的得数有一个简单的记忆方法：得数就是把这一个位数写两次。例如，你想计算3×11，只需要把3像这样写两次：33。

还有一个规律

还有一个规律可以帮助你记住10×11，11×11和12×11三个算式的得数。它还适用于直到18×11的其他乘法算式。

10×11的得数的首位和末位数字分别是1和0。

将得数的首位和末位数字加起来，就会得到得数中间的数字：$1+0 =1$。

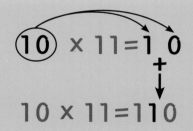

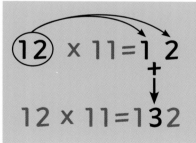

12×11的得数的首位和末位数字分别是1和2。

将得数的首位和末位数字加起来，就会得到得数中间的数字：$1+2=3$。

去放风筝吧

你能算出 10 × 11 到 18 × 11 的得数吗？沿着线看一看你算的是否正确。

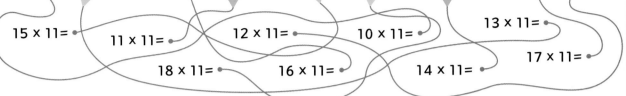

110　143　176　121　165　198　154　187　132

15 × 11 =　11 × 11 =　12 × 11 =　10 × 11 =　13 × 11 =

18 × 11 =　16 × 11 =　14 × 11 =　17 × 11 =

足球比赛

一支足球队有11名足球运动员。

2支足球队一共有多少名球员？

6支足球队一共有多少名球员？

7支足球队一共有多少名球员？

12支足球队一共有多少名球员？

11的乘法表

中场休息的饮料和小吃

你要为当地的足球队购买中场休息的饮料和小吃。足球队一共有11名球员，要买够下面的饮料和小吃分别需要多少钱？注：英镑是英国的货币单位，1英镑=100便士。

40便士

70便士

50便士

40便士

80便士

隐形的11

这个神奇的魔术能让你的朋友大吃一惊。

1. 用蘸过柠檬汁的画笔在一张纸上写下11。柠檬汁干了以后，写下的数字就看不见了。向你的朋友展示这张"白纸"。

2. 让你的朋友在心里默想一个三位数。

465

3. 让他在计算器中输入两次默想的那个数。例如，如果他想到的数是465，他应该输入：

465465

4. 先让他用这个数除以7。

465465 ÷ 7 = 66495

5. 再让他用上个算式的得数除以13。

66495 ÷ 13 = 5115

6. 最后，让他用上个算式的得数除以最初他默想的数。

5115 ÷ 465 = 11

7. 告诉你的朋友，你将用魔法把答案写在白纸上。把白纸放在靠近热灯泡的地方，11就会神奇地出现了！

啊哈！
哇！
11

答案：11个苹果4.40英镑，11个香蕉7.70英镑，11杯果汁5.50英镑，11个橙子4.40英镑，11瓶运动饮料8.80英镑。

乘法配对游戏

这个双人游戏可以帮助你在学习乘法的同时提高记忆力。

1. 首先，你需要剪24张大小相等的卡片。选择12个你觉得比较难记的乘法算式，然后在12张卡片上写上乘法算式，在另外12张卡片上写上相应的答案。

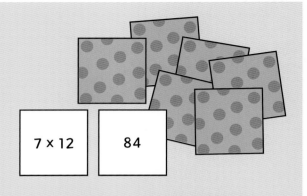

7 × 12   84

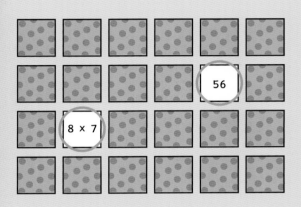

2. 将卡片打乱，然后把它们背面朝上摆在桌子上。

3. 每人轮流翻开两张卡片。如果翻开的两张卡片可以配对，就收起来；反之，则将它们翻过去。

4. 当桌子上的所有卡片都被收走时，游戏结束。获得卡片数量多的一方获胜。

试着记住对手翻过的卡片的位置。

素数（质数）

11是素数，这意味着它只能被两个自然数整除：1和它本身。1不是素数，下面这些数都是素数：

2   3   5   7

你能找出11之后的下一个素数吗？

重要提示

如果你在计算一个大数乘11的得数时有困难，请记住：先将这个数乘10，然后再加上这个数本身。

计算器游戏

$$11 × 11 =$$

在计算器上输入下面的算式，就会发现一个有趣的规律。

11 × 11 =
111 × 111 =
1111 × 1111 =
11111 × 11111 =

你能猜出下面这个算式的答案吗？

111111 × 111111 =

3的乘法表

1 × 3 = 3		
2 × 3 = 6		
3 × 3 = 9		
4 × 3 = 12		
5 × 3 = 15		
6 × 3 = 18		
7 × 3 = 21		
8 × 3 = 24		
9 × 3 = 27		
10 × 3 = 30		
11 × 3 = 33		
12 × 3 = 36		

别忘了：
3与奇数相乘，答案仍是奇数。

但是3与偶数相乘，答案则是偶数。

3的乘法表

学习3的乘法表没有捷径，只有勤加练习。一旦掌握它，面对其他一些数的乘法运算时，你就能融会贯通了。

3个一组

很多东西和3有关，比如三角形、三轮车和三连音。你能3个一组地计数吗？（3，6，9……）

三角形有3条边。

三轮车有3个轮子。

三连音有3个音符。

3个一组计数

4辆三轮车一共有多少个轮子？

4 × 3 = 12

7个三角形一共有多少条边？

9个三连音一共有多少个音符？

答案：21条边，27个音符。

胡萝卜地里的数字线

你可以将3的乘法表当作一条数字线。这只兔子每次会跳过2根胡萝卜，然后在第3根胡萝卜上咬一口。闭上眼睛，大声说出兔子每次停留的地方，直到第36根胡萝卜为止。

行和列

每种颜色的弹珠各有多少颗？用行数乘列数，算出答案。你可以用数弹珠的方式来检查自己的答案。

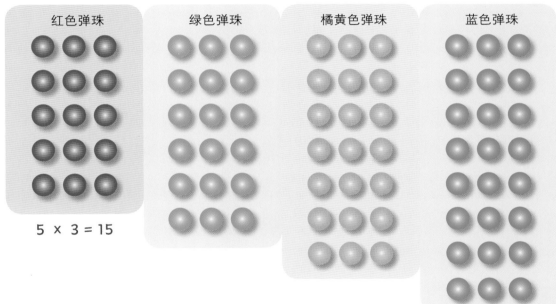

红色弹珠　　　　绿色弹珠　　　　橘黄色弹珠　　　　蓝色弹珠

5 x 3 = 15

游戏：农家院

这是一个适合多人玩的游戏。每个人从1开始轮流报数，当有人数到3的倍数时，就必须模仿动物的叫声。

1　2　喔喔喔！　4　5　汪汪汪！　7

答案：18颗绿色弹珠，21颗橘黄色弹珠，24颗蓝色弹珠。

61

3的乘法表

好胃口!

大多数人每天要吃3顿饭。

早餐　　　　午餐　　　　晚餐

谈论食物让我感到饥饿!

如果以此为标准,你一个星期要吃多少顿饭? 一个月(按30天计算)要吃多少顿饭? 一年(按365天计算)呢?

(有关大数的乘法,请参见第88—89页。)

通过地雷阵

你能找到通过这个地雷阵的安全路线吗? 从"起点"开始,向"终点"前进。每个3的倍数下方都埋有地雷,你必须避开它们!

起点	2	5	13	21	19	30	12	24	6
6	11	27	8	32	10	15	26	18	7
25	36	1	24	3	29	4	17	9	终点
31	8	22	16	30	18	21	14	31	20

(答案在第96页)

3

6

9

加起来

在3的乘法表中,前三个算式的答案分别是3,6,9。如果将表内接下来的3的倍数的个位和十位相加,答案也是3,6或9。你可以用这个方法检验一下答案。

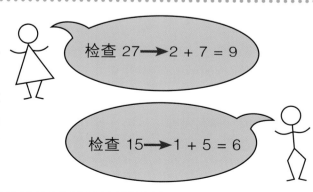

检查 27 ➞ 2 + 7 = 9

检查 15 ➞ 1 + 5 = 6

答案:一星期要吃21顿饭,一个月要吃90顿饭,一年要吃1095顿饭。

魔术：3号牌技巧

这又是一个可以给朋友表演的魔术。你需要一副扑克牌和一个计算器。

1.让你的朋友选一张扑克牌藏好，注意这张牌必须是数字牌，而不是J、K或Q牌。

我选的是8。

2.请你选出一张数字3的扑克牌，并将其面朝下放在桌子上。

我选的是3。

3.当你的朋友将牌面朝下放在桌子上后，给他一个计算器。让他输入所选择的数字，并进行以下计算：

别忘了每算一步都要按"="键！

乘2	8 × 2 =	16
加2	+ 2 =	18
乘5	× 5 =	90
减7	− 7 =	83

4.翻开他的扑克牌，然后再翻开你的扑克牌。你会发现两张扑克牌上的数字正好可以组成计算器屏幕上的数！

扑克牌上的数字组成了答案！

这种方法也适用于更大的数。如果将答案的每个数位上的数相加后能得到一个两位数或三位数，那么你还可以把这个数的每个数位上的数再加起来，看是否为3的倍数。

检查 267 ⟶ 2 + 6 + 7 = 15
然后 1 + 5 = 6
所以267是3的倍数。

检查 846 ⟶ 8 + 4 + 6 = 18
然后 1 + 8 = 9
所以846是3的倍数。

348是3的倍数吗？

255呢？

到目前为止，你对乘法的了解程度如何？

你可以用这个测验来检验你的学习成果。如果你在测验中遇到困难，请记得复习相关的内容（答案在第96页）。

阐述乘法

乘法可以用很多种方式阐述。你能回答下面的问题吗？

6的4倍是多少？
12乘10等于多少？
每堆11个，一共有7堆，总数有多少？
3倍的10是多少？
4乘2等于多少？

5乘7等于多少？
每组有12个，一共有11组，总数有多少？
5乘0等于多少？
每套有4件，一共有7套，总数有多少？
每堆有3个，一共有9堆，总数有多少？

一共有多少个轮子？

11辆自行车

4辆三轮车

5辆卡车

12辆小轿车

6辆摩托车

城市建筑

每栋楼有多少扇窗户？

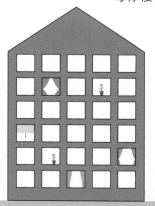
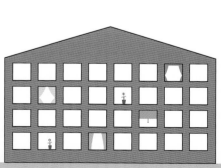
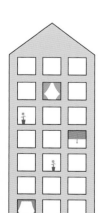
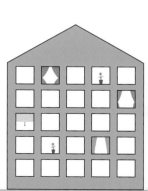

水果沙拉

你想做水果沙拉。购买这些水果各需要多少钱?

25便士
4个橙子

16便士
6根香蕉

31便士
11个苹果

82便士
1个西瓜

63便士
2个菠萝

谜题方格

把这个方格抄写在一张白纸上,然后在每个格子里写下它所在的行和列对应的数的乘积。

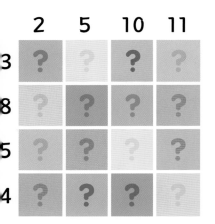

	2	5	10	11
3	?	?	?	?
8	?	?	?	?
5	?	?	?	?
4	?	?	?	?

怕冷的外星人

这些来到地球的外星人感觉很冷,你给他们带来了一些保暖的衣物。有多少个外星人可以戴上帽子、围巾和手套,穿上毛袜和雨靴?

8顶帽子

35只毛袜

18条围巾

21只手套

60只雨靴

错误!错误!

哪个机器人出故障了?

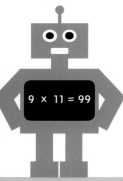
9 x 11 = 99

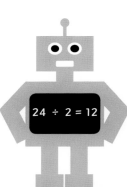
24 ÷ 2 = 12

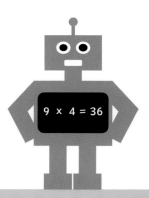
9 x 4 = 36

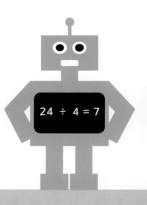
24 ÷ 4 = 7

你发现规律了吗？

$1 \times 9 = 9$

$2 \times 9 = 18$

$3 \times 9 = 27$

$4 \times 9 = 36$

$5 \times 9 = 45$

$6 \times 9 = 54$

$7 \times 9 = 63$

$8 \times 9 = 72$

$9 \times 9 = 81$

$10 \times 9 = 90$

$11 \times 9 = 99$

$12 \times 9 = 108$

从1×9到10×9，个位数从9逐渐减少到0。

从2×9到10×9，十位数从1逐渐增加到9。

9的乘法表

9的乘法表虽然看起来有点儿棘手，但它其实是最容易学习的乘法表之一，它的答案中隐藏着一个简单的规律。

猫的乘法表

人们常说猫有9条命。下面的猫一共有多少条命？

1只猫=9条命

计算猫的生命数

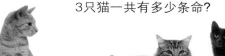

3只猫一共有多少条命？

$3 \times 9 = 27$

7只猫一共有多少条命？

9只猫一共有多少条命？

答案：7只猫有63条命，9只猫有81条命。

9的倍数

0	1	2	3	4	5	6	7	8	9
10	11	12	13	14	15	16	17	**18**	19
20	21	22	23	24	25	26	**27**	28	29
30	31	32	33	34	35	**36**	37	38	39
40	41	42	43	44	**45**	46	47	48	49
50	51	52	53	**54**	55	56	57	58	59
60	61	62	**63**	64	65	66	67	68	69
70	71	**72**	73	74	75	76	77	78	79
80	**81**	82	83	84	85	86	87	88	89
90	91	92	93	94	95	96	97	98	99

将左侧图中9的1—10的倍数找出来，看看有什么规律。

答案形成了一条对角线！

9的乘法运算规律

这个规律适用于9的乘法表中从 2×9 到 10×9 之间的所有运算，关键是要做一些快速的心算。

第一步

将乘9的那个数减1，得到答案的十位数。

第二步

9减去答案的十位数，得到答案的个位数。

2 − 1 = 1

$2 \times 9 = 18$

$2 \times 9 = 18$

9 − 1 = 8

3 − 1 = 2

$3 \times 9 = 27$

$3 \times 9 = 27$

9 − 2 = 7

母猫和小猫

有9只母猫，每只母猫生了9只小猫，那么一共有多少只猫？

重要提示

有一个简单的方法，可以帮你判断一个数是不是9的倍数。这个方法可以用来检查答案。如果一个数是9的倍数，那么这个数的各数位相加等于9。

36 → 3 + 6 = 9

这个方法也适用于更大的数。如果这个数的各数位相加得到一个多位数，那么你还可以再将这个多位数的各数位进一步相加，最终得数仍等于9。

99 → 9 + 9 = 18

1 + 8 = 9

你能算出783和16947是不是9的倍数吗？

答案：81只，9窝9只母猫，一共是90只猫。783和16947都是9的倍数。

67

9的乘法表

乘9手指法

这是一种用手指记忆9的乘法表的小妙招。

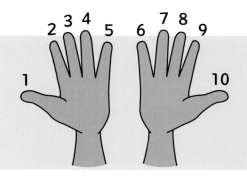

把双手放在面前，手心向上。想象一下，从1到10，你的每根手指上依次写有一个数。

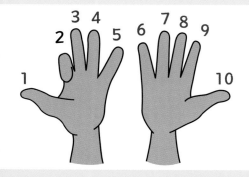

如果你想计算2×9的答案，就从左侧开始计数，数到第二根手指，把它弯下来。

弯指的左侧有几根手指？这就是答案的十位数。弯指的右侧有多少根手指？这就是答案的个位数。

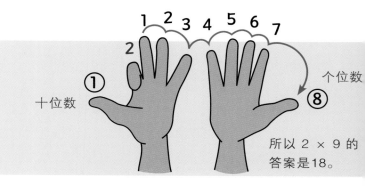

十位数　个位数

所以 2 × 9 的答案是18。

请你试一试

6 × 9 等于多少？

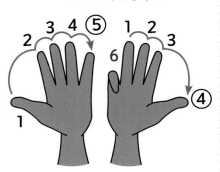

4 × 9 等于多少？

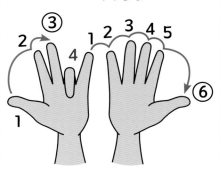

9 × 9 等于多少？

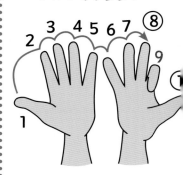

答案：6×9 = 54，4×9 = 36，9×9 = 81。

可逆的答案

如果一个数是9的倍数，将它各数位上的数字对调，得到的新数也会是9的倍数。例如，63是9的倍数，将63的十位数和个位数对调，得到的36也是9的倍数。下面哪些算式符合这个规律呢？沿着线找出答案。

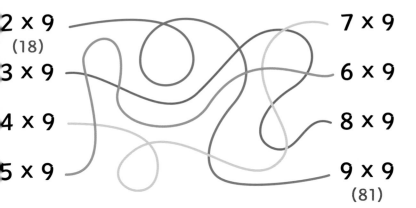

2 × 9
(18)

3 × 9

4 × 9

5 × 9

7 × 9

6 × 9

8 × 9

9 × 9
(81)

魔术：不可思议的9

在一张纸上写上9，将这张纸放入气球里，然后把气球吹大。

1.让朋友选择一个三位数。

2.随机调整这个三位数的数位顺序，让它变成另一个三位数。

3.用这两个三位数中较大的数减去较小的数。

4.将答案的各数位上的数相加，如果结果是多位数，再把这个多位数的各数位上的数加起来，直到得出一个一位数。

5.现在告诉你的朋友，你要运用魔法在气球里的纸上写出最终答案。然后戳破气球，向他们展示纸上的数，他们会大吃一惊！

943

394

943 − 394 = 549

5 + 4 + 9 = 18

1 + 8 = 9

啊哈！

6的乘法表

6的乘法表

现在你已经学习了9个乘法表。在你掌握了6的乘法表之后，就只剩下三个数的乘法表要学啦！

> 如果6和一个偶数相乘，答案的个位数就等于这个偶数的个位数。

1 × 6 = 6
2 × 6 = 12
3 × 6 = 18
4 × 6 = 24
5 × 6 = 30
6 × 6 = 36
7 × 6 = 42
8 × 6 = 48
9 × 6 = 54
10 × 6 = 60
11 × 6 = 66
12 × 6 = 72

> 8 × 6 = 4(8)

> 我也发现了一个规律！在第二、第四、第六和第八个算式中，答案的十位数是个位数的一半。

> 2 × 6 = (1)2
>
> 6 × 6 = (3)6

6个一组

许多食品都是6个一组进行售卖的。你可以使用6的乘法表来计算。

6根一串
的香肠

6个一盒
的鸡蛋

6盒一组
的酸奶

6个一组计数

2串香肠，每串6根。一共有多少根香肠?

8盒鸡蛋，每盒6个。一共有多少个鸡蛋?

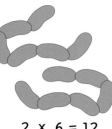

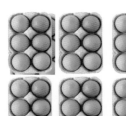

2 × 6 = 12

下面一共有多少盒酸奶? 先数数有几行、有几列。

答案：48小2小根香肠，24盒酸奶。

跳 水

矩形的长度和宽度相乘就是它的面积。下面每个游泳池的宽都为6米，但长度不同。你能计算出每个游泳池的面积是多少平方米吗？

注：m = 米，m² = 平方米。

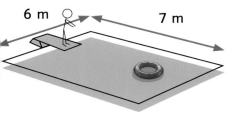

6 m × 7 m = 42 m²

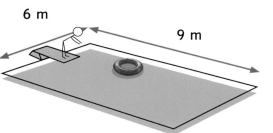

你算对了吗？

多米诺骨牌游戏

这个双人游戏可以帮助你练习6以内的乘法表。把一些多米诺骨牌面朝下放在桌子上，并打乱它们。每人轮流翻牌，将牌的上下两个数相乘，并大声说出答案。如果说对了，可以收起这张牌。如果说错了，就把它翻回去。

3 × 1 = 3

5 × 3 = 15

6 × 4 = 24

游戏结束时，拥有更多多米诺骨牌的人获胜。

重要提示

如果你在计算一个数乘6时遇到了困难，请记住答案是这个数乘3的两倍。

$7 × 6$ 等于
$7 × 3$ 的两倍。

你也可以先用这个数乘5，再加上它自身。

$4 × 6$ 等于
$4 × 5$, 再加一个4。

6的乘法表

乱作一团

这些6的乘法算式被打乱了。你能写出正确的算式吗?

现在请你试一试。

1 × 2 = 2 6

6 × 2 = 12

3 = 0 5 ×
x 4 5 = 9 6
7 x 2 = 6
6 1 = 6
6 x

上面的六边形一共有多少条边?

沙 堡

你已经建造了6座沙堡。现在需要平均分配右侧的4种装饰物, 每个沙堡各能分到多少装饰物?

18面旗　　24只海星　　48个贝壳　　66块鹅卵石

18 ÷ 6 = 3

所以每座沙堡上可以插3面旗。

答案: 6×5 = 30, 6×9 = 54, 6×12 = 72, 6×1 = 6。这座六边形一共有30条边。3面旗, 4只海星, 8个贝壳, 11块鹅卵石。

手指计算器

这个手指计算法适用于6—9的乘法运算。你只需要事先掌握1—4的乘法运算就能用上这个方法了。这个方法会帮助你检查一些棘手的乘法算式的答案。

假如你想要计算 8 × 6 等于多少……

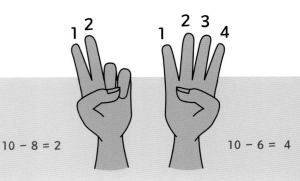

用10减去第一个乘数，左手竖起相应数量的手指。

用10减去第二个乘数，右手竖起相应数量的手指。

$$10 - 8 = 2$$

$$10 - 6 = 4$$

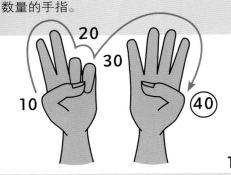

数数总共有几根弯曲的手指，将这个数乘10。

$$4 \times 10 = \boxed{40}$$

数数左手与右手分别有几根手指竖着，将这两个数相乘。

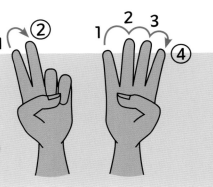

$$2 \times 4 = \boxed{8}$$

把两个结果相加。

弯曲的手指数 × 10 = 40
左手竖起的手指数 × 右手竖起的手指数 = 8
所以答案是 40 + 8 = 48

请你试一试

7×6等于多少?

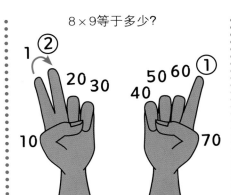

8×9等于多少?

7×8等于多少?

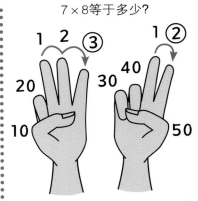

答案: 42, 72, 56。

7 的乘法表

7的乘法表

7的乘法表比较难学，但是如果你学会了前面的乘法表，那么你已经掌握了大部分7的乘法运算。

$1 \times 7 = 7$

$2 \times 7 = 14$

$3 \times 7 = 21$

$4 \times 7 = 28$

$5 \times 7 = 35$

$6 \times 7 = 42$

$7 \times 7 = 49$

$8 \times 7 = 56$

$9 \times 7 = 63$

$10 \times 7 = 70$

$11 \times 7 = 77$

$12 \times 7 = 84$

在7的乘法表中,你还没有学过的只有这3个。

$7 \times 7 = 49$
$7 \times 8 = 56$
$8 \times 7 = 56$
$7 \times 12 = 84$
$12 \times 7 = 84$
$8 \times 12 = 96$
$12 \times 8 = 96$
$12 \times 12 = 144$

继续加油。你一定能学会!

一个星期有7天

7的乘法表可用来计算一个星期内或几个星期内发生的事情的次数。

7个一组计数

如果你每天吃5种水果或蔬菜，那么一个星期一共吃多少种水果或蔬菜?

如果你每天洗6次手，那么一个星期一共洗了多少次手?

$5 \times 7 = 35$

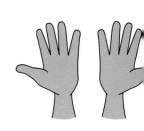

如果你每天刷2次牙，那么一个星期一共刷了多少次牙?

答案: 42次, 14次。

童话里的除法

7个小矮人从矿洞里挖出了一些宝物，想平分它们。你能算出每个小矮人应该分到多少宝物吗？

他们挖出了63颗绿宝石。每个小矮人能分多少？

他们挖出了35块金块。每个小矮人能分多少？

他们挖出了84颗红宝石。每个小矮人能分多少？

$$63 \div 7 = 9$$

找出不合群的数

下面哪些数不是7的倍数？

63

36

14

81

70

56

21

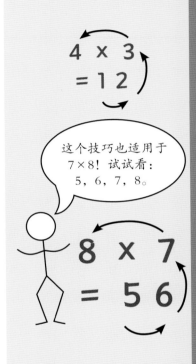

绕 圈

有一个技巧可以帮助你记住 4×3 和 7×8。如果你沿着箭头看，这些数字是：1, 2, 3, 4。

$$4 \times 3 = 12$$

这个技巧也适用于 7×8！试试看：5, 6, 7, 8。

$$8 \times 7 = 56$$

1道彩虹中有7条条纹。

7道彩虹中有多少条条纹？

70道彩虹呢？

700道彩虹呢？

答案：49条条纹，490条条纹，4900条条纹。

答案：5块金块每人，12颗红宝石每人。36和81不是7的倍数。

7的乘法表

7的乘法表中的规律

请找出右边方格中数字的规律。这些是7的乘法表中从 1×7 到 9×7 每个答案的十位数。

注意：每一行的最后一个数也是下一行的第一个数。

0, 1, 2 …… 2, 3, 4 …… 4, 5, 6

这些方格可以帮助你记住7的乘法表。

请看右边的这个方格，它也有一个特殊规律。从右上角开始读下来，你会依次看到1到9。

现在试试这个。

这个方格从左上到右下的数字分别是7的乘法表中 1×7 到 9×7 每个答案的个位数。

如果我们把两个方格合为一体，会发生什么？

07	14	21
28	35	42
49	56	63

这些都是7的乘法表中的答案！

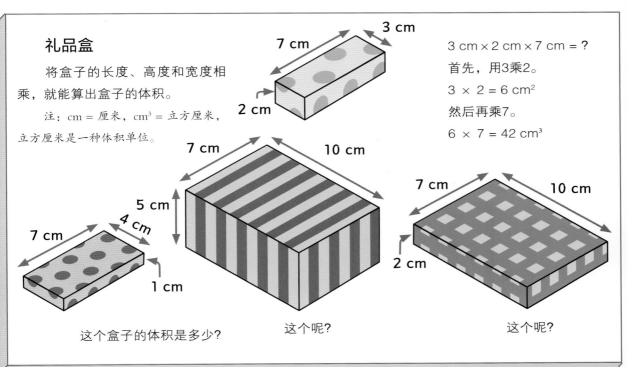

礼品盒

将盒子的长度、高度和宽度相乘，就能算出盒子的体积。

注：cm = 厘米，cm³ = 立方厘米，立方厘米是一种体积单位。

7 cm
3 cm
2 cm

3 cm × 2 cm × 7 cm = ?
首先，用3乘2。
$3 \times 2 = 6 \text{ cm}^2$
然后再乘7。
$6 \times 7 = 42 \text{ cm}^3$

7 cm
10 cm
5 cm

7 cm
4 cm
1 cm

7 cm
10 cm
2 cm

这个盒子的体积是多少?

这个呢?

这个呢?

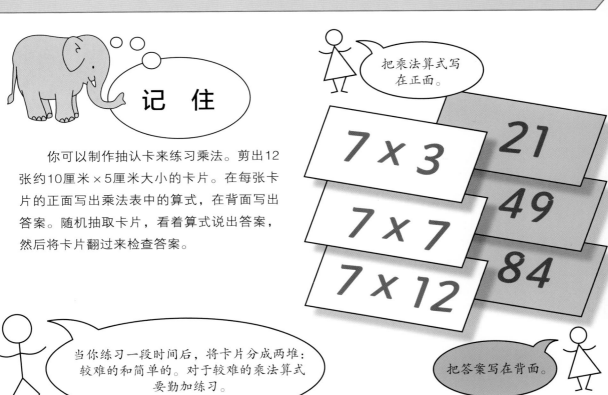

记　住

你可以制作抽认卡来练习乘法。剪出12张约10厘米×5厘米大小的卡片。在每张卡片的正面写出乘法表中的算式，在背面写出答案。随机抽取卡片，看着算式说出答案，然后将卡片翻过来检查答案。

把乘法算式写在正面。

7 x 3　　21
7 x 7　　49
7 x 12　　84

当你练习一段时间后，将卡片分成两堆：较难的和简单的。对于较难的乘法算式要勤加练习。

把答案写在背面。

8的乘法表

8的乘法表

8的乘法表中有几个有用的规律，可以帮助你快速地学习。

你发现规律了吗？

$1 \times 8 = 8$

$2 \times 8 = 16$

所有的答案都是偶数。

$3 \times 8 = 24$

$4 \times 8 = 32$

$5 \times 8 = 40$

$6 \times 8 = 48$

答案的个位数每次都会减少2。

$7 \times 8 = 56$

$8 \times 8 = 64$

$9 \times 8 = 72$

$10 \times 8 = 80$

$11 \times 8 = 88$

8, 6, 4, 2, 0。
8, 6, 4, 2, 0。
明白了吗？

$12 \times 8 = 96$

8个一组

章鱼有8只触手。蜘蛛有8条腿。你可以使用8的乘法表来计算。

8只触手　　　　　8条腿

8个一组计数

4只章鱼一共有多少只触手？

$4 \times 8 = 32$

7只蜘蛛一共有多少条腿？

9只章鱼一共有多少只触手？

答案：56条腿，72只触手。

国际象棋

国际象棋是双人游戏，每人有2列棋子，每列8个。一共有多少个棋子？

棋盘上分布有8行和8列方格。一共有多少个方格？

找出不合群的数

下面这些数哪些不是8的倍数？

56 24 74

14 32

93 44 64

乘法网球赛

你必须在进行这项双人运动时快速思考。

1. 首先，双方商量一个数，进行乘法运算练习（以8的乘法为例），然后决定谁先"发球"，谁"接球"。

2. 发球人说出1到12之间的数。接球人必须回答这个数乘8的答案。

3. 一旦接球人答不上来或答案错误，交换"发球权"，由原来的接球人"发球"提问。

重要提示

如果你忘记了某个数乘8的答案，请记住结果是这个数乘4的答案的两倍。

$6 \times 4 = 24$

然后 $24 \times 2 = 48$

所以 $6 \times 8 = 48$

5! 40! 3! 24!

8的乘法表

有余数的除法

如果你不能把一个数平均分成完整的几等份，就会有一部分剩下来，剩余部分被称为"余数"。例如，用19除以8，我们先从19开始倒数，直到遇到8的倍数。

16是最接近19的8的倍数。

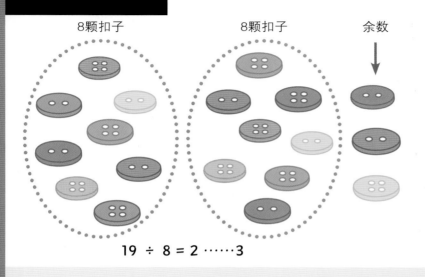

8颗扣子　　　8颗扣子　　　余数

19 ÷ 8 = 2 ⋯⋯ 3

19, 18, 17, 16 ⋯⋯

16里有多少个8？

答案是2个。

剩余的数是多少？

19 − 16 = 3

25 ÷ 8的答案是什么？

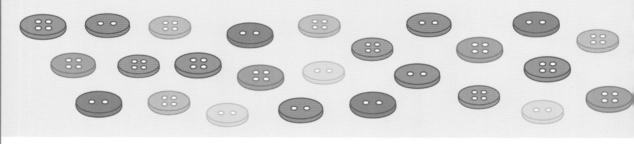

12 ÷ 8的答案是什么？

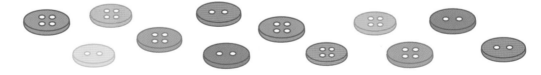

18 ÷ 8的答案是什么？

答案：3⋯⋯1，1⋯⋯4，2⋯⋯2。

猴子谜题

动物园有8只猴子。饲养员带来了一些水果，她想给每只猴子提供相同数量的水果，这就意味着每个箱子里都有可能剩下一些水果。

一共有76个橙子。每只猴子可以吃多少个橙子？剩下多少？

一共有26个苹果。每只猴子可以吃多少个苹果？剩下多少？

一共有41根香蕉。每只猴子可以吃多少根香蕉？剩下多少？

谜题方格

将下面的方块抄写在一张白纸上。你能算出每个方块的空缺处应该填上什么数吗？每行或每列中的前两个数相乘得到该行或该列中的第三个数。

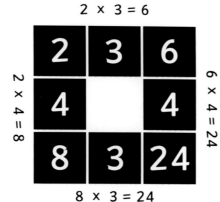

$2 \times 3 = 6$

$2 \times 4 = 8$

$6 \times 4 = 24$

$8 \times 3 = 24$

填写方块（答案在第96页）

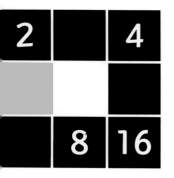

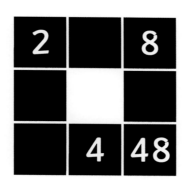

重要提示

计算一个数除以8可能很棘手，而将一个数减半则要容易得多。当你遇到困难时，试一试减半、减半、再减半。

24	24
÷8	÷2
↓	↓
3	12
	÷2
	↓
	6
	÷2
	↓
	3

反过来也是如此：你可以将一个数乘三次2，就会得到它乘8的答案。

答案：9个橙子（剩下4个），3个苹果（剩下2个），5根香蕉（剩下1根）。

81

12 的乘法表

12 的乘法表

这是你需要掌握的最后一个乘法表了，不过这其中的许多算式你在此之前已经遇到过了，只有一个是你不知道的。

你已经开始学习12的乘法表了。太好了！

快速找答案

我知道10的乘法表。

我知道2的乘法表。

把这两个乘法表加在一起，你就可以快速学会12的乘法表了！

$1 \times 12 = 12$

$2 \times 12 = 24$

$3 \times 12 = 36$

$4 \times 12 = 48$

$5 \times 12 = 60$

$6 \times 12 = 72$

$7 \times 12 = 84$

$8 \times 12 = 96$

$9 \times 12 = 108$

$10 \times 12 = 120$

$11 \times 12 = 132$

$12 \times 12 = 144$

这5个生日蛋糕上一共有多少支蜡烛？

这3个婚礼蛋糕上一共有多少颗心？

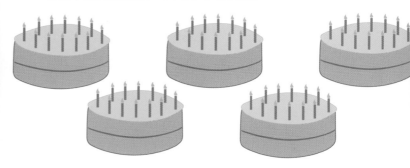

这4个巧克力蛋糕上一共有多少颗彩色糖果？

答案：60支蜡烛，36颗心，48颗彩色糖果。

12以内乘法的色子游戏

你已经学会了 12×12 以内的乘法，现在可以玩一个简单的游戏来复习一下。掷两个色子，记住总点数后，再掷一次，得到一个新的总点数，把两次掷到的总点数相乘。你算对了吗？看看你可以连续算对多少次，然后试着打破你自己的纪录！

思维敏捷的色子游戏

这是一个可以和朋友一起玩的游戏。将两个色子掷两次，用第一次的总点数乘第二次的总点数。谁先说出正确的答案，得1分。继续比赛，直到有人得满10分。

记 住

这些是12的乘法表中最难的算式：
$11 \times 12 = 132$ $12 \times 12 = 144$
把上面两个算式写在卡片正面，答案写在背面，然后把卡片固定在卧室的门上。在开门之前，你必须说出密码（卡片背面的答案）。

缠在一起了

下面哪两个算式的答案是一样的？可以沿着绳子找一找，看你的答案是否正确。

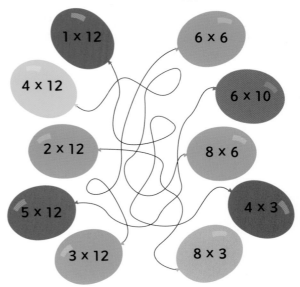

打地鼠

如果打到一只地鼠，你得到的分数是卡片上的数的12倍，下面每只地鼠各值多少分？看看你能否在30秒内算出所有的答案。

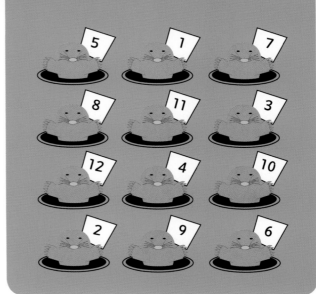

12的乘法表

找出不合群的数

下面哪些数不是12的倍数？

108　60　70　144

54　142　24

2—10的数字牌值的分就是它的面值，也就是2—10分。

J值11分。

Q值12分。

K值13分。

A值1分。

乘法表快照

这是一个双人游戏。你需要一副扑克牌，并剔除大小王。

1.洗牌后，将扑克牌分成两摞，牌面朝下放在桌子上，每人面前共有26张扑克牌。

2.两人同时翻开最上面的牌，谁先说出这两张牌所代表的数相乘的正确答案，谁就可以赢得这两张牌。把赢得的牌单独放一堆。

3.如果其中一人说出的答案是错误的，则另一人赢得这两张牌。

4.如果两人同时说出正确答案，这一轮就是平局，两人必须接着翻牌，直到一方获胜。翻过来的所有牌由赢家获得。

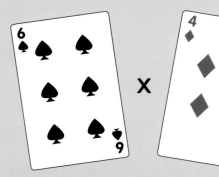

6×4

$6 \times 4 = 24$
我赢了！

比赛结束后，获得牌数最多的人获胜。

宾果游戏

你可以和两个或更多的朋友一起玩这个游戏。其中一人担任裁判，其他人则是玩家。

1. 首先，每位玩家需要在一张纸上绘制一个五行五列的25格表格（参见右图）。

2. 然后在下面的列表中选择一些数填入方格中。玩家不得看其他玩家写的数。

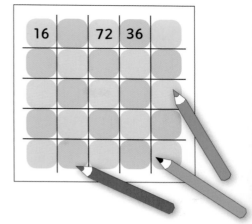

有些数比其他数更容易被选中。你知道这是为什么吗？

3. 当玩家们写好后，裁判开始说出0到12乘法表中的乘法算式。如果玩家的纸上有相应的答案，则需要将答案划去。

第一个将自己的纸上所有答案划去的人喊出"宾果！"后就算获胜。

宾果！

数一数

你是否知道可以在一只手上从1数到12？试着用拇指尖依次数其他四指的每个关节。

你对乘法表的了解程度如何?

你可以用下面的题目测试自己对0到12的乘法表的掌握情况。记下对你来说比较困难的题目,以后可以重点练习(答案在第96页)。

一共有多少条腿?

12只蜘蛛	7头大象	5只瓢虫	9只鸭子	11条蛇

每种邮票的数量是多少?

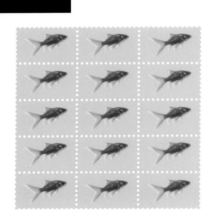  

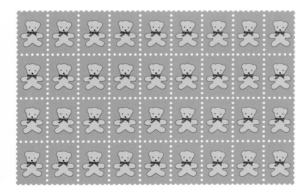

多米诺骨牌

将多米诺骨牌上下的两个点数相乘。

在玩具店

你的储钱罐里有4.68英镑。下面每种玩具你分别能买多少个？分别剩余多少钱？

1.17英镑　　90便士　　50便士　　2.30英镑

比萨派对

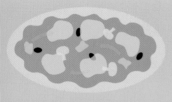

你正在为你的朋友和家人做比萨饼。如果你需要给比萨饼平均分配配料，你会在每个比萨饼上放多少配料？

6个比萨饼，
54片青椒。

3个比萨饼，
18颗橄榄。

5个比萨饼，
55片意大利辣香肠。

6个比萨饼，
42片蘑菇。

谜题方格

将下面的方格抄写在一张白纸上。在每个方块中，写下它所在的行和列对应的数相乘的答案。

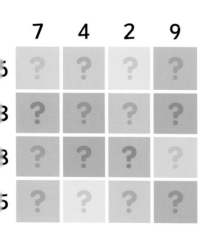

	7	4	2	9
6	?	?	?	?
3	?	?	?	?
8	?	?	?	?
5	?	?	?	?

做家务

我做了下面的几种家务，能赚多少钱？

42便士
擦窗户2次

36便士
遛狗7次

23便士
清洁10次

10便士
喂猫11次

51便士
洗车4次

竖式乘法

一位数与多位数相乘

这种乘法运算方法并不像看起来那么难，但是你需要事先掌握10以内的乘法表。

不要用计算器！

把多位数写在上面

```
    百十个
    786
  ×   2
```

将下面的一位数分别与上面多位数的个位数、十位数、百位数相乘。

```
  786        乘个位数
×   2
─────
   12  →   6 × 2 = 12
```

```
  786        乘十位数
×   2
─────
   12
  160  →   80 × 2 = 160
```

```
  786        乘百位数
×   2
─────
   12
  160
 1400  →   700 × 2 = 1400
```

```
    12      最后，将这三个乘
   160      积加起来。
+ 1400
──────
  1572      所以：786 × 2 = 1572
```

注：这里采用的是英国竖式乘法。

试一试快速方法

有一种更快的方法：在同一行从右到左写下每次相乘的乘积。如果在乘个位数、十位数或百位数时，得到的乘积大于或等于10，则把乘积向左进位。

```
  285        5 × 3 = 15
×   3
─────
    5
  1          在十位数上进1。
```

```
  285        8 × 3 = 24
×   3
─────
   55        24 + 1 = 25
  2 1        在百位数进2。
```

```
  285        2 × 3 = 6
×   3
─────
  855        6 + 2 = 8
  2 1
```

现在你来试一试！

```
 385      723      210      974
× 2      × 4      × 3      × 8
────     ────     ────     ────
```

答案：蓝色 770，红色 2892，绿色 630，黄色 7792。

两个多位数相乘

两个多位数相乘，则有点儿棘手。不过勤加练习的话，你很快就能学会。

是时候开始思考了。

先用下面的数的个位数与上面的数的个位数、十位数和百位数依次相乘。

百十个
$$824$$
$$\times\ 36$$

先忽略这个3。用6乘4，然后乘2，最后乘8。

824 × 36 **4** 2	6 × 4 = 24 在十位数上进2。	
824 × 36 **44** 12	6 × 2 = 12 12 + 2 = 14 在百位数上进1。	
824 × 36 **4944** 12	6 × 8 = 48 48 + 1 = 49	

现在用下面的数的十位数与上面的数的个位数、十位数和百位数依次相乘。但是首先需要在个位加一个0，因为你在用十位数做乘法。

824 × 36 4944 **20** 1	3 × 4 = 12 加0。 在百位数进1。	
824 × 36 4944 **720** 1	3 × 2 = 6 6 + 1 = 7	
824 × 36 4944 **24720** 1	3 × 8 = 24	

824
× 36

4944
+ 24720

29664

最后，将两个乘积加起来。

所以：824 × 36 = 29664

我答对了！

我想我快学会了……

现在你来试一试！

285
× 23

628
× 71

457
× 18

767
× 58

526
× 99

614
× 63

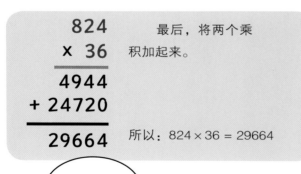
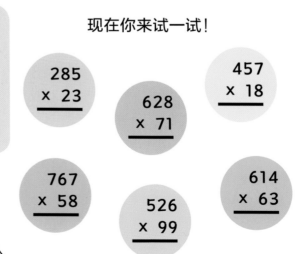

答案：蓝色 6555，紫色 44588，黄色 8226，红色 44486，绿色 52074，粉红色 38682。

89

窗框乘法

这是计算多位数相乘的另一种方法。有些人觉得这个方法比标准的竖式乘法更容易。

比如，你想算45×6：

（A）45是两位数，所以画2个并排的矩形。

（B）在每个矩形中，从左下角向右上角画一条对角线。

（C）在框的顶部和右侧写下相乘的数。

6是一位数，所以只需要一行框。

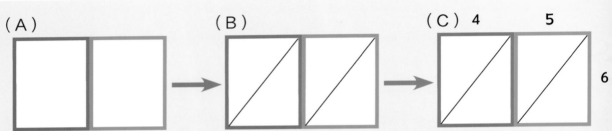

（D）从右侧开始，将顶部的数和右侧的数相乘。5×6＝30，所以在对角线的两边写3和0。

（E）同样，在左边的框中进行乘法运算。4×6＝24，在对角线的两边写2和4。

（F）观察每一对角列里的数，这就是45×6的答案。如果同一对角列中有两个数，就将它们相加。

将紫色列中的数字加在一起。

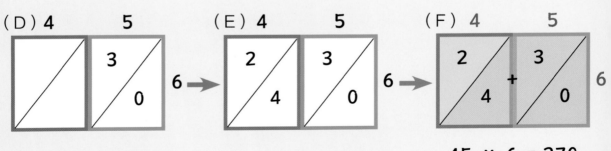

45 × 6 = 270

窗框乘法也适用于大数相乘。自上而下读窗框左侧的数，从左向右读窗框底部的数，合起来就是答案。

24×32
等于多少？

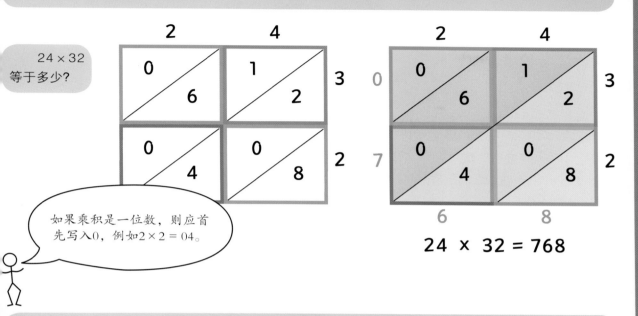

如果乘积是一位数，则应首先写入0，例如$2 \times 2 = 04$。

$24 \times 32 = 768$

如果一个对角列的和是两位数，则应该把其十位数进到左边的对角列。

34×28
等于多少？

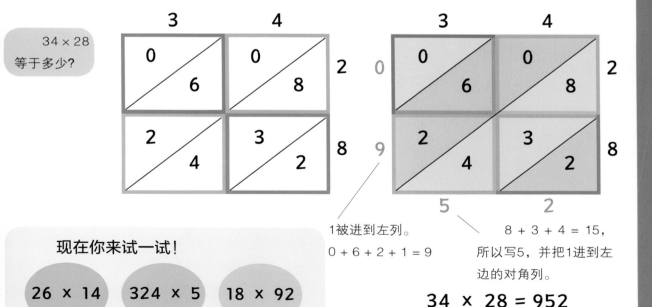

1被进到左列。

$0 + 6 + 2 + 1 = 9$

$8 + 3 + 4 = 15$，所以写5，并把1进到左边的对角列。

$34 \times 28 = 952$

现在你来试一试！

26×14 324×5 18×92

答案：$26 \times 14 = 364$，$324 \times 5 = 1620$，$18 \times 92 = 1656$。

91

竖式除法

不要用计算器!

我们无法总是随身携带计算器， 所以学习如何计算除法是很有必要的。

短除法

短除法指的是多位数除以一位数。

这没有我想象的那么难。

像这样写：
651 ÷ 3 =

3) 6 5 1

1. 从左到右,用一位数除多位数的每位数。

2. 如果你得到一个余数,把它写在下一个数位的左上角。

6中有多少个3? 2个。

2
3) 6 5 1

（你实际上是在用600除以3）

5中有多少个3? 1个。
余数为2。

21 ← 余数
3) 6 5²1

（你实际上是在用50除以3）

21中有多少个3? 7个。

2 1 7
3) 6 5²1

现在你来试一试!

7) 8 2 6   6) 4 6 8   2) 4 7 2

7) 6 1 6   8) 5 6 8

重要提示

计算除法的另一个方法是用乘法来估算,我们称之为试错法。

例如,你想用108除以3。

40 × 3 = 120　太大了。

30 × 3 = 90　太小了。

35 × 3 = 105　很接近了……

36 × 3 = 108

如果你用一个数除以0,会发生什么?

无论多少个0相加,它们的和永远都不会是一个正整数。你可以试试0 + 0 + 0 + 0……结果永远是0。

这就是为什么0不可以作为除数。

答案：826 ÷ 7 = 118，468 ÷ 6 = 78，472 ÷ 2 = 236，616 ÷ 7 = 88，568 ÷ 8 = 71。

长除法

这个问题有点儿棘手。在解决这个问题之前，请先别着急，让你的大脑冷静一下！

像这样写：4081 ÷ 13 =

$$13\overline{)4081}$$

4里有多少个13？0个。所以向右边移动一位。

$$13\overline{)4081}$$
从左到右进行计算。

40里有多少个13？3个。所以把3写在0之上。

3乘13等于39。因此我们用40减去39，得余数1。

$$\begin{array}{r} 3 \\ 13\overline{)4081} \\ -39 \\ \hline 1 \end{array}$$

40里有3个13。

3 × 13 = 39

余数

现在算到十位上的8了。把它移到下面，与余数1并列，使其成为18。

18里有几个13？1个。所以把1写在8之上。

1乘13等于13。因此我们用18减去13得到余数：5。

$$\begin{array}{r} 31 \\ 13\overline{)4081} \\ -39\downarrow \\ \hline 18 \\ -13 \\ \hline 5 \end{array}$$

18里有1个13。

1 × 13 = 13

余数

把个位数上的1移下来。

51里有几个13？3个，余数是12。

1后面没有数字可以移下来了。完成！休息一下。

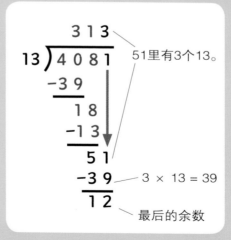

$$\begin{array}{r} 313 \\ 13\overline{)4081} \\ -39 \\ \hline 18 \\ -13 \\ \hline 51 \\ -39 \\ \hline 12 \end{array}$$

51里有3个13。

3 × 13 = 39

最后的余数

答案是313，余数是12。

现在你来试一试！

$$36\overline{)845}$$

$$24\overline{)5361}$$

$$13\overline{)823}$$

$$23\overline{)4810}$$

$$18\overline{)417}$$

我想我现在需要休息一下！

答案：845 ÷ 36 = 23……17，5361 ÷ 24 = 223……9，823 ÷ 13 = 63，4810 ÷ 23 = 209……3，417 ÷ 18 = 23……3。

93

乘法方表

用这个乘法方表检查你的答案。

要找出乘法算式的答案，只需要沿着两个乘数对应的行或列，找到它们相交处的方格。

X	1	2	3	4	5	6	7	8	9	10	11	12
1	1	2	3	4	5	6	7	8	9	10	11	12
2	2	4	6	8	10	12	14	16	18	20	22	24
3	3	6	9	12	15	18	21	24	27	30	33	36
4	4	8	12	16	20	24	28	32	36	40	44	48
5	5	10	15	20	25	30	35	40	45	50	55	60
6	6	12	18	24	30	36	42	48	54	60	66	72
7	7	14	21	28	35	42	49	56	63	70	77	84
8	8	16	24	32	40	48	56	64	72	80	88	96
9	9	18	27	36	45	54	63	72	81	90	99	108
10	10	20	30	40	50	60	70	80	90	100	110	120
11	11	22	33	44	55	66	77	88	99	110	121	132
12	12	24	36	48	60	72	84	96	108	120	132	144

这条对角线两侧的答案相同。

知识点

这里有一些重要的数学概念。

如果有不懂的概念，就查查看吧！

被除数
在除法运算中，被另一个数所除的数。

倍数
如果一个数能被另一个数整除，这个数就是另一个数的倍数。例如，54是6的倍数，因为54÷6=9。

差
在减法运算中，一个数减去另一个数所得的数。

乘法
将相同的数加起来的快捷方式。

乘积
两个或多个数相乘的结果。例如，在乘式3×5=15中，15是乘积。

乘数
相乘的数。

除法
将一个数分成等份。除法与乘法的意义相反。

除数
除号后面的数。例如，在算式20÷5=4中，5是除数。

个位数
整数的最后一位数。例如，在513中，个位数是3。

奇数
不能被2整除的数。奇数的个位数是1，3，5，7，9。

进位
在加法或乘法运算中，后一位数向前一位数进数。

面积
平面或物体表面的大小。面积单位有平方厘米、平方米等。

偶数
能够被2整除的整数。偶数的个位数是0，2，4，6，8。

数位
数字在数中所占的位置。

素数（质数）
只有两个因数（1和它自己）的数。

体积
三维图形所占空间的大小。体积单位包括立方米等。

因数
两个正整数相乘，那么这两个数都叫作积的因数。例如，3和6是18的因数。

余数
在整数除法中，被除数无法被除尽的部分。

整除
除法运算后得到的是整数，没有余数。例如，8可以被4整除，因为8÷4=2，而2是整数。

整数
正整数、零、负整数的集合，不以小数或分数结尾。

尽可能多地学习！

胜利

答 案

乘法测验① 第64—65页

谜题方格

6	15	30	33
16	40	80	88
10	25	50	55
8	20	40	44

阐述乘法
6 × 4 = 24   5 × 7 = 35
12 × 10 = 120   11 × 12 = 132
7 × 11 = 77   5 × 0 = 0
3 × 10 = 30   7 × 4 = 28
4 × 2 = 8   9 × 3 = 27

一共有多少个轮子?
11辆自行车有22个轮子。
4辆三轮车有12个轮子。
5辆卡车有20个轮子。
12辆小轿车有48个轮子。
6辆摩托车有12个轮子。

城市建筑
紫楼有30扇窗户。
红楼有32扇窗户。
黄楼有21扇窗户。
绿楼有25扇窗户。

水果沙拉
4个橙子100便士。
6根香蕉96便士。
11个苹果341便士。
1个西瓜82便士。
2个菠萝126便士。

怕冷的外星人
4个外星人可以戴帽子。
9个外星人可以戴围巾。
7个外星人可以戴手套。
7个外星人可以穿毛袜。
12个外星人可以穿雨靴。

错误! 错误!
绿色机器人出故
障了。
应该是:
24 ÷ 4= 6

乘法测验② 第86—87页

谜题方格

42	24	12	54
21	12	6	27
56	32	16	72
35	20	10	45

一共有多少条腿?
12只蜘蛛有96条腿。
7头大象有28条腿。
5只瓢虫有30条腿。
9只鸭子有18条腿。
11条蛇有0条腿。

每种邮票的数量是多少?
15张金鱼邮票。
36张汽车邮票。
32张花卉邮票。
36张泰迪熊邮票。

多米诺骨牌
3 × 1 = 3   5 × 3 = 15
6 × 4 = 24   2 × 6 = 12

在玩具店
4个娃娃（没有剩余）。
5辆玩具车（剩余18便士）。
9个沙滩球（剩余18便士）。
2艘玩具船（剩余8便士）。

比萨派对
9片青椒。
6颗橄榄。
11片意大利辣香肠。
7片蘑菇。

做家务
清洁 2.3英镑
遛狗 2.52英镑
喂猫 1.1英镑
擦窗户 84便士
洗车 2.04英镑

8的乘法表 第81页
填写方块

3的乘法表 第62页
通过地雷阵

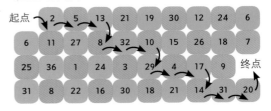

乘法表趣味闯关

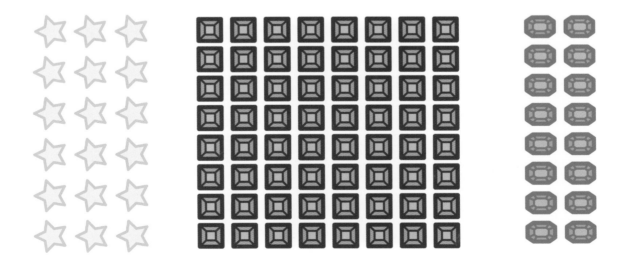

专项闯关打卡

2的乘法表

将2的倍数涂上颜色，并找出规律。

1	2	3	4	5
6	7	8	9	10
11	12	13	14	15
16	17	18	19	20
21	22	23	24	25

填写答案。

$1 \times 2 =$ 2 $\quad 2 \times 2 =$ ☐ $\quad 3 \times 2 =$ ☐ $\quad 4 \times 2 =$ ☐

$5 \times 2 =$ ☐ $\quad 6 \times 2 =$ ☐ $\quad 7 \times 2 =$ ☐ $\quad 8 \times 2 =$ ☐

$9 \times 2 =$ ☐ $\quad 10 \times 2 =$ ☐ $\quad 11 \times 2 =$ ☐ $\quad 12 \times 2 =$ ☐

下列动物有多少只耳朵？

 5 对   5 × 2 = 10 只

 ☐ 对   ☐ × ☐ = ☐ 只

 ☐ 对  ☐ × ☐ = ☐ 只

 ☐ 对   ☐ × ☐ = ☐ 只

2的乘法练习

计算乘积。

下面有几双或几只脚？

2 双 = 4 只

2 × 2 = 4

下面有几双或几只脚？

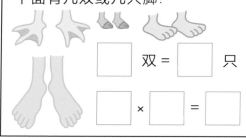

☐ 双 = ☐ 只

☐ × ☐ = ☐

下面有几双或几只脚？

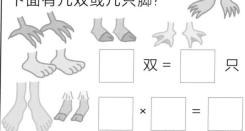

☐ 双 = ☐ 只

☐ × ☐ = ☐

下面有几双或几只脚？

☐ 双 = ☐ 只

☐ × ☐ = ☐

下面有几双或几只脚？

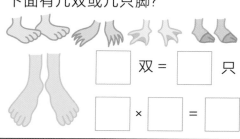

☐ 双 = ☐ 只

☐ × ☐ = ☐

下面有几双或几只脚？

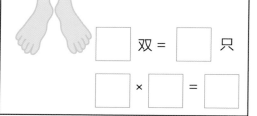

☐ 双 = ☐ 只

☐ × ☐ = ☐

给下面的乘法算式画上相匹配的图案。

8 × 2 = 16

10 × 2 = 20

2的除法练习

平均分配下列鸡蛋。

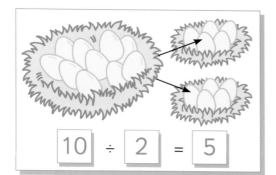

$$10 \div 2 = 5$$

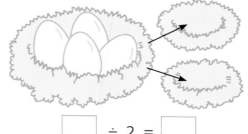

$$\boxed{} \div 2 = \boxed{}$$

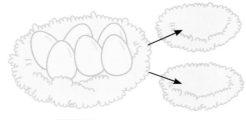

$$\boxed{} \div 2 = \boxed{}$$

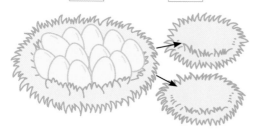

$$\boxed{} \div 2 = \boxed{}$$

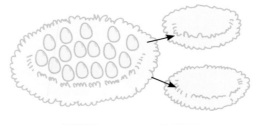

$$\boxed{} \div 2 = \boxed{}$$

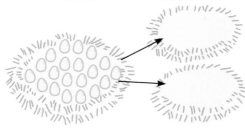

$$\boxed{} \div 2 = \boxed{}$$

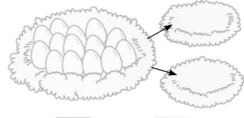

$$\boxed{} \div 2 = \boxed{}$$

2的乘法应用题①

计算每组邮票的数量。

6 个2

6 × 2 = 12

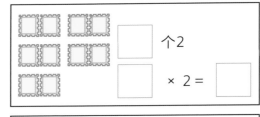

☐ 个2

☐ × 2 = ☐

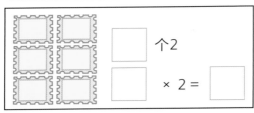

☐ 个2

☐ × 2 = ☐

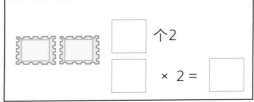

☐ 个2

☐ × 2 = ☐

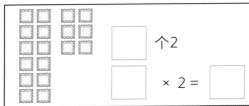

☐ 个2

☐ × 2 = ☐

☐ 个2

☐ × 2 = ☐

给下面的乘法算式画上相匹配的邮票。

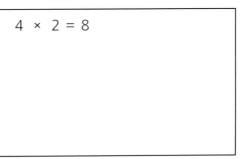

3 × 2 = 6

4 × 2 = 8

2 × 2 = 4

7 × 2 = 14

102

2的乘法应用题②

下面每张笑脸代表2。把每组笑脸和相应的数用线连起来。

2

6

8

10

12

14

16

20

2的乘法应用题③

下面有多少只眼睛？

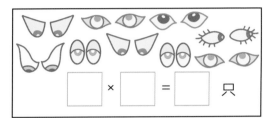

$3 \times 2 = 6$ 只

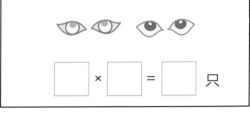

□ × □ = □ 只

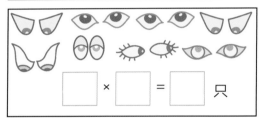

□ × □ = □ 只

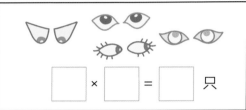

□ × □ = □ 只

□ × □ = □ 只

□ × □ = □ 只

给下面的乘法算式画上相匹配的图案。

$2 \times 2 = 4$	$10 \times 2 = 20$
$3 \times 2 = 6$	$7 \times 2 = 14$

5的乘法表

将5的倍数涂上颜色，并找出规律。

1	2	3	4	5	6	7	8	9	10
11	12	13	14	15	16	17	18	19	20
21	22	23	24	25	26	27	28	29	30
31	32	33	34	35	36	37	38	39	40
41	42	43	44	45	46	47	48	49	50
51	52	53	54	55	56	57	58	59	60
61	62	63	64	65	66	67	68	69	70
71	72	73	74	75	76	77	78	79	80
81	82	83	84	85	86	87	88	89	90
91	92	93	94	95	96	97	98	99	100

填写答案。

$1 \times 5 =$ 5 $\quad$ $2 \times 5 =$ ☐ $\quad$ $3 \times 5 =$ ☐ $\quad$ $4 \times 5 =$ ☐

$5 \times 5 =$ ☐ $\quad$ $6 \times 5 =$ ☐ $\quad$ $7 \times 5 =$ ☐ $\quad$ $8 \times 5 =$ ☐

$9 \times 5 =$ ☐ $\quad$ $10 \times 5 =$ ☐ $\quad$ $11 \times 5 =$ ☐ $\quad$ $12 \times 5 =$ ☐

下面有多少颗糖果？提示：每包有5颗糖果。

 4 包   4 × 5 = 20 颗

 ☐ 包   ☐ × ☐ = ☐ 颗

 ☐ 包   ☐ × ☐ = ☐ 颗

 ☐ 包   ☐ × ☐ = ☐ 颗

5的乘法练习

在打孔的板上每组圈出5个孔。将乘法算式补充完整。

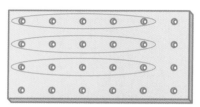

3组

$3 \times 5 = 15$

根据上面的提示，每组圈出5个孔，并将乘法算式补充完整。

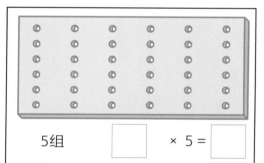

5组 ☐ × 5 = ☐

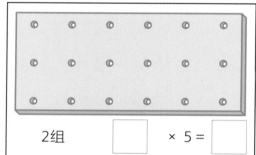

2组 ☐ × 5 = ☐

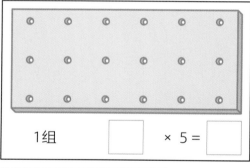

1组 ☐ × 5 = ☐

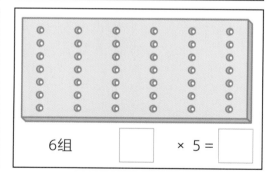

6组 ☐ × 5 = ☐

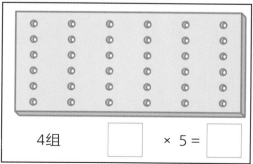

4组 ☐ × 5 = ☐

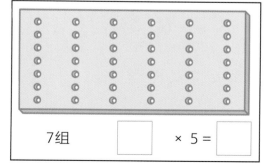

7组 ☐ × 5 = ☐

5的除法练习

用算式来表示每个塔中有多少块积木。

一共有 15 块积木，

5 个塔。

15 ÷ 5 = 3

根据上面的提示，用算式来表示每个塔中有多少块积木。

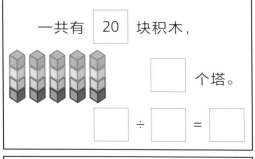

一共有 20 块积木，

☐ 个塔。

☐ ÷ ☐ = ☐

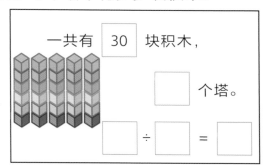

一共有 30 块积木，

☐ 个塔。

☐ ÷ ☐ = ☐

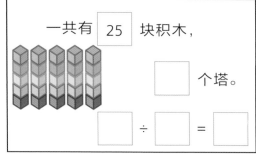

一共有 25 块积木，

☐ 个塔。

☐ ÷ ☐ = ☐

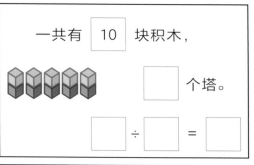

一共有 10 块积木，

☐ 个塔。

☐ ÷ ☐ = ☐

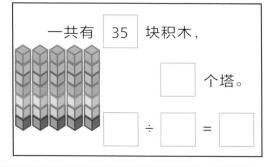

一共有 35 块积木，

☐ 个塔。

☐ ÷ ☐ = ☐

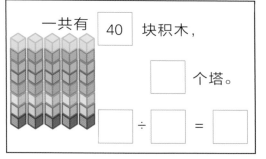

一共有 40 块积木，

☐ 个塔。

☐ ÷ ☐ = ☐

5的乘法应用题①

写出隐藏在五角星下面的数字。

$4 \times 5 = 20$

根据上面的提示，写出隐藏在五角星下面的数字。

 $\times 5 = 10$ $3 \times 5 =$

 $\times 5 = 25$ $1 \times 5 =$

 $\times 5 = 50$ $8 \times 5 =$

 $\times 5 = 45$ $0 \times 5 =$

 $\times 5 = 35$ $6 \times 5 =$

5的乘法应用题②

下面每只青蛙代表5。把每组青蛙和相应的数用线连起来。

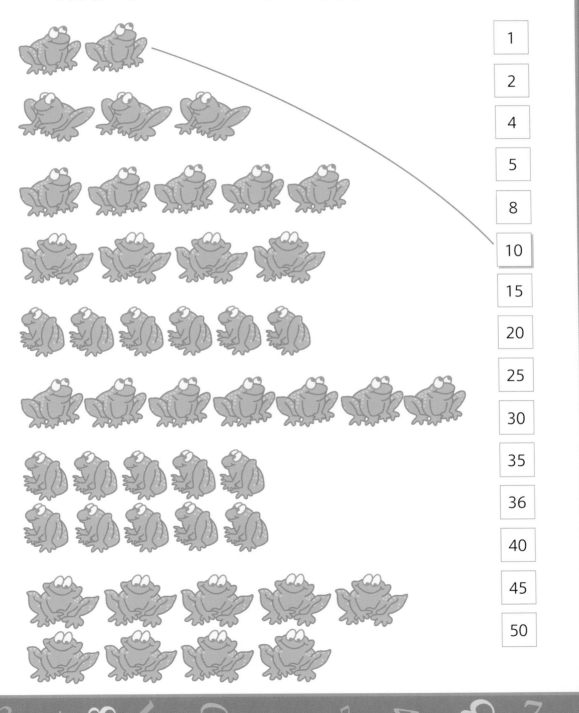

5的乘法应用题③

一共有多少？

乔治娅有7只猫，每只猫生了5只小猫。它们一共生了多少只小猫？

$$\boxed{7} \times \boxed{5} = \boxed{35} \text{ 只}$$

一共有多少？

查理有6个盒子，每个盒子里都有5辆玩具火车。那么查理一共有多少辆玩具火车？

$$\boxed{} \times \boxed{} = \boxed{} \text{ 辆}$$

佐伊有3件夹克，每件夹克上都有5颗纽扣。那么佐伊一共有多少颗纽扣？

$$\boxed{} \times \boxed{} = \boxed{} \text{ 颗}$$

小严有8个鱼缸，每个鱼缸里面都有5条鱼。那么小严一共有多少条鱼？

$$\boxed{} \times \boxed{} = \boxed{} \text{ 条}$$

每盒有多少？

乔的45支铅笔平均放在5个铅笔盒里，每个铅笔盒里有多少支铅笔？

$$\boxed{45} \div \boxed{5} = \boxed{9} \text{ 支}$$

每份有多少？

希瑟将10只老鼠平均放在5个笼子里，每个笼子里有多少只老鼠？

$$\boxed{} \div \boxed{} = \boxed{} \text{ 只}$$

香农能将35颗糖果平均放在5个袋子里，每个袋子里有多少颗糖果？

$$\boxed{} \div \boxed{} = \boxed{} \text{ 颗}$$

马克将25粒种子平均放入5个花盆里，每个花盆里有多少粒种子？

$$\boxed{} \div \boxed{} = \boxed{} \text{ 粒}$$

10的乘法表

将10的倍数涂上颜色，并找出规律。

1	2	3	4	5	6	7	8	9	10
11	12	13	14	15	16	17	18	19	20
21	22	23	24	25	26	27	28	29	30
31	32	33	34	35	36	37	38	39	40
41	42	43	44	45	46	47	48	49	50
51	52	53	54	55	56	57	58	59	60
61	62	63	64	65	66	67	68	69	70
71	72	73	74	75	76	77	78	79	80
81	82	83	84	85	86	87	88	89	90
91	92	93	94	95	96	97	98	99	100

填写答案。

$1 \times 10 =$ 10 $2 \times 10 =$ ☐ $3 \times 10 =$ ☐ $4 \times 10 =$ ☐

$5 \times 10 =$ ☐ $6 \times 10 =$ ☐ $7 \times 10 =$ ☐ $8 \times 10 =$ ☐

$9 \times 10 =$ ☐ $10 \times 10 =$ ☐ $11 \times 10 =$ ☐ $12 \times 10 =$ ☐

下面有多少支蜡笔？提示：每个盒子里有10支蜡笔。

  2 盒   2 × 10 = 20 支

 ☐ 盒   ☐ × ☐ = ☐ 支

 ☐ 盒   ☐ × ☐ = ☐ 支

 ☐ 盒   ☐ × ☐ = ☐ 支

10的乘除法练习

每个豆荚里有10颗豌豆。一共有多少颗豌豆？

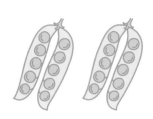

有几个豆荚？ 　2　 个

　2　 × 10 = 　20　 颗

根据上面的提示，计算豌豆的数量。

 有几个豆荚？ [　] 个

[　] × 10 = [　] 颗

 有几个豆荚？ [　] 个

[　] × [　] = [　] 颗

有几个豆荚？ [　] 个

[　] × [　] = [　] 颗

有几个豆荚？ [　] 个

[　] × [　] = [　] 颗

这些豌豆来自多少个豆荚？

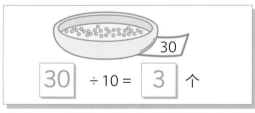

　30　 ÷ 10 = 　3　 个

根据上面的提示，计算豆荚的数量。

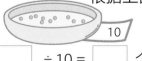

[　] ÷ 10 = [　] 个

[　] ÷ 10 = [　] 个

[　] ÷ 10 = [　] 个

[　] ÷ 10 = [　] 个

10的除法练习

1英镑等于10枚10便士的硬币。

根据上面的提示，计算下面的硬币等于多少英镑。

30 枚硬币

| 30 | ÷ 10 = | 3 | 英镑 |

60 枚硬币

☐ ÷ 10 = ☐ 英镑

40 枚硬币

☐ ÷ 10 = ☐ 英镑

50 枚硬币

☐ ÷ 10 = ☐ 英镑

90 枚硬币

☐ ÷ 10 = ☐ 英镑

100 枚硬币

☐ ÷ 10 = ☐ 英镑

10 枚硬币

☐ ÷ 10 = ☐ 英镑

20 枚硬币

☐ ÷ 10 = ☐ 英镑

10的乘法应用题①

一共有多少?

松鼠们在4处地方储藏了食物，每处都有10颗橡子。它们一共有多少颗橡子？

$$4 \times 10 = 40 \text{ 颗}$$

一共有多少?

猴子园有6棵香蕉树，每棵树上有10根香蕉。那么猴子园里一共有多少根香蕉？

$$\boxed{} \times \boxed{} = \boxed{} \text{ 根}$$

青蛙们喜欢在2个池塘里玩，每个池塘里有10片睡莲叶。那么池塘里一共有多少片睡莲叶？

$$\boxed{} \times \boxed{} = \boxed{} \text{ 片}$$

蛇有5个窝，每个窝里有10个蛋。它一共有多少个蛋？

$$\boxed{} \times \boxed{} = \boxed{} \text{ 个}$$

狮子们有7只幼崽，每只幼崽已经长出了10颗牙齿。它们一共有多少颗牙齿？

$$\boxed{} \times \boxed{} = \boxed{} \text{ 颗}$$

每个有多少?

乌鸦们有40个蛋和10个巢，平均每个巢中有多少个蛋？

$$40 \div 10 = 4 \text{ 个}$$

每个有多少?

90只老鼠生活在10个巢穴中，平均每个巢穴中有多少只老鼠？

$$\boxed{} \div \boxed{} = \boxed{} \text{ 只}$$

10个窝里藏着60只狐狸，平均每个窝里有多少只狐狸？

$$\boxed{} \div \boxed{} = \boxed{} \text{ 只}$$

10的乘法应用题②

把每只狗和相应的骨头用线连起来。

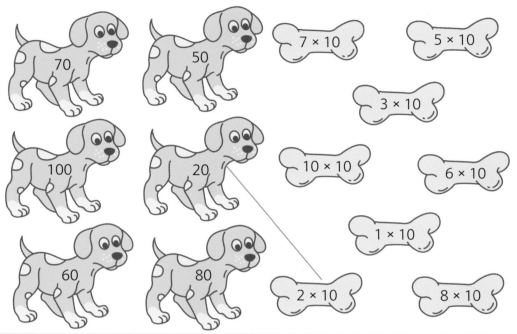

把每只老鼠和相应的奶酪用线连起来。

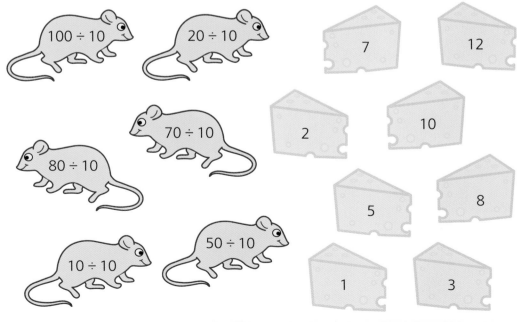

10的乘法应用题③

找规律填空。

3	×	10	=	30
10	×	3	=	30
30	÷	3	=	10
30	÷	10	=	3

5	×	10	=	50
	×		=	50
50	÷		=	10
50	÷		=	5

7	×	10	=	70
	×		=	
	÷		=	
	÷		=	

9	×	10	=	90
	×		=	
	÷		=	
	÷		=	

2	×	10	=	20
	×		=	
	÷		=	
	÷		=	

4	×	10	=	40
	×		=	
	÷		=	
	÷		=	

8	×	10	=	80
	×		=	
	÷		=	
	÷		=	

6	×	10	=	60
	×		=	
	÷		=	
	÷		=	

3的乘法表

将3的倍数涂上颜色，并找出规律。

1	2	3	4	5
6	7	8	9	10
11	12	13	14	15
16	17	18	19	20
21	22	23	24	25

填写答案。

1 × 3 = 3   2 × 3 = ☐   3 × 3 = ☐   4 × 3 = ☐   5 × 3 = ☐

下面有多少朵花？提示：每丛有3朵花。

   丛   × = 6 朵

☐ 丛   ☐ × ☐ = ☐ 朵

☐ 丛   ☐ × ☐ = ☐ 朵

☐ 丛   ☐ × ☐ = ☐ 朵

117

3的乘法练习

写出与图画相匹配的算式。

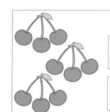  3 串，每串3个。

3 × 3 = 9

 4 棵，每棵3个。

 □ × □ = □

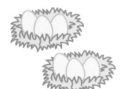 □ 窝，每窝3个。

 □ × □ = □

 □ 串，每串3根。

 □ × □ = □

 □ 丛，每丛3朵。

 □ × □ = □

 □ 包，每包3颗。

□ × □ = □

给下面的乘法算式画上相匹配的图案。

5 × 3 = 15

2 × 3 = 6

3 × 3 = 9

4 × 3 = 12

3的除法练习

将钱平均放入三个钱包内，并将下列除法算式补充完整。
提示：仔细看清硬币上的面值数字，分别为：5，1，10，2，
单位都是便士。

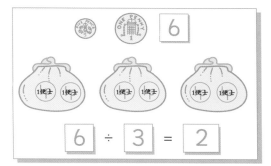

$6 \div 3 = 2$

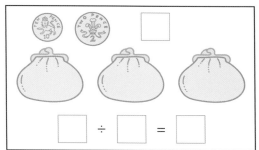

$\square \div \square = \square$

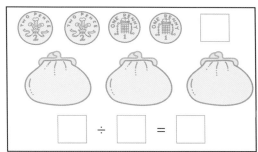

$\square \div \square = \square$

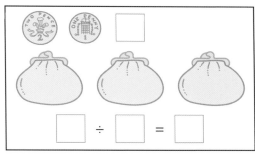

$\square \div \square = \square$

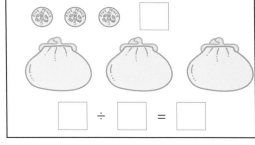

$\square \div \square = \square$

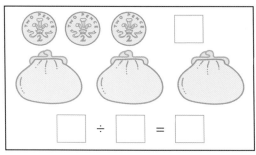

$\square \div \square = \square$

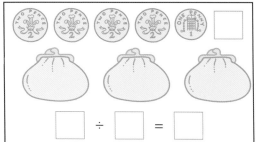

$\square \div \square = \square$

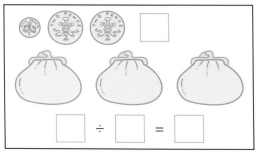

$\square \div \square = \square$

4的乘法表

将4的倍数涂上颜色，并找出规律。

1	2	3	4	5
6	7	8	9	10
11	12	13	14	15
16	17	18	19	20
21	22	23	24	25

填写答案。

$1 × 4 =$ 4 　$2 × 4 =$ ☐ 　$3 × 4 =$ ☐ 　$4 × 4 =$ ☐ 　$5 × 4 =$ ☐

下面有多少朵花？提示：每丛有4朵花。

 　4 丛　　　4 × 4 = 16 朵

 　☐ 丛　　　☐ × ☐ = ☐ 朵

☐ 丛　　　☐ × ☐ = ☐ 朵

☐ 丛　　　☐ × ☐ = ☐ 朵

4的乘法练习

写出与下面图画相匹配的算式。

3 组，每组4个。

3 × 4 = 12

2 组，每组4个。

☐ × ☐ = ☐

☐ 组，每组4个。

☐ × ☐ = ☐

☐ 组，每组4个。

☐ × ☐ = ☐

☐ 组，每组4个。

☐ × ☐ = ☐

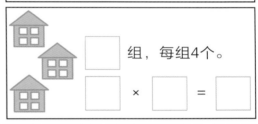

☐ 组，每组4个。

☐ × ☐ = ☐

给下面的乘法算式画上相匹配的图案。

2 × 4 = 8

4 × 4 = 16

5 × 4 = 20

3 × 4 = 12

4的除法练习

每只盘子里有多少食物？

4个孩子想要平均分食物，每种食物每个孩子可以吃多少？
在圆圈中画上相匹配的图案。

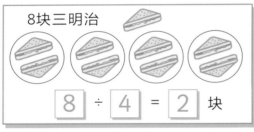

8块三明治

$8 ÷ 4 = 2$ 块

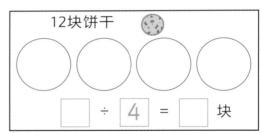

12块饼干

$\boxed{} ÷ \boxed{4} = \boxed{}$ 块

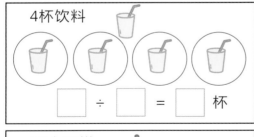

4杯饮料

$\boxed{} ÷ \boxed{} = \boxed{}$ 杯

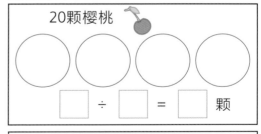

20颗樱桃

$\boxed{} ÷ \boxed{} = \boxed{}$ 颗

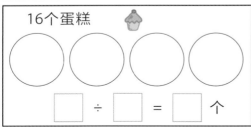

16个蛋糕

$\boxed{} ÷ \boxed{} = \boxed{}$ 个

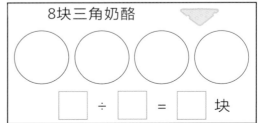

8块三角奶酪

$\boxed{} ÷ \boxed{} = \boxed{}$ 块

综合乘法练习题①

每块挂板上有多少颗钉子？写出算式和答案。

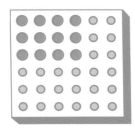

3	行	4	列

3 × 4 = 12

每块挂板上有多少颗钉子？根据上面的提示，写出算式和答案。

 ☐ 行 ☐ 列　　☐ × ☐ = ☐

　　　　　　　　　　☐ 行 ☐ 列　　☐ × ☐ = ☐

 ☐ 行 ☐ 列　　☐ × ☐ = ☐

　　　　　　　　　　☐ 行 ☐ 列　　☐ × ☐ = ☐

 ☐ 行 ☐ 列　　☐ × ☐ = ☐

　　　　　　　　　　☐ 行 ☐ 列　　☐ × ☐ = ☐

 ☐ 行 ☐ 列　　☐ × ☐ = ☐

　　　　　　　　　　☐ 行 ☐ 列　　☐ × ☐ = ☐

综合乘法练习题②

人们打算平均分配12便士。写出算式和答案，并画出相匹配的硬币来表示每个人获得的硬币数量。 注：p＝便士

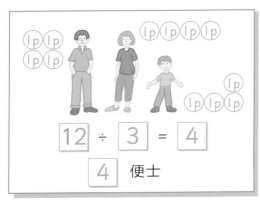

$$12 \div 3 = 4$$

4 便士

☐ ÷ ☐ = ☐

☐ 便士

☐ ÷ ☐ = ☐

☐ 便士

☐ ÷ ☐ = ☐

☐ 便士

☐ ÷ ☐ = ☐

☐ 便士

综合乘法练习题③

他们会得到多少报酬？

薪酬价目表（p = 便士）	
清扫卧室	3p
喂兔子	2p
整理玩具	6p
拿报纸	5p
遛狗	10p

将下列算式补充完整，计算周伊和杰斯明将从这些工作中获得的报酬。

喂4次兔子  $\boxed{4} \times \boxed{2p} = \boxed{8p}$

清扫2间卧室 $\boxed{} \times \boxed{} = \boxed{}$ p

遛狗4次 $\boxed{} \times \boxed{} = \boxed{}$ p

整理玩具3次 $\boxed{} \times \boxed{} = \boxed{}$ p

拿报纸5次 $\boxed{} \times \boxed{} = \boxed{}$ p

他们做这些工作会得到多少报酬？在空白的方格内列出算式。

清扫3间卧室，遛狗2次  $\boxed{}$ $\boxed{} + \boxed{} = \boxed{}$ p

喂10次兔子，整理玩具2次  $\boxed{}$ $\boxed{} + \boxed{} = \boxed{}$ p

综合乘法练习题④

写出隐藏在雨滴后面的数字。

4 × ⑤ = 20

2 × 4 = [ ]

20 ÷ 4 = ⑤

[ ] ÷ 2 = 4

1 × [ ] = 3

[ ] × 3 = 6

6 ÷ 3 = [ ]

3 × [ ] = 3

45 ÷ 5 = [ ]

5 × [ ] = 45

8 × 2 = [ ]

16 ÷ 2 = [ ]

60 ÷ [ ] = 6

10 × [ ] = 60

[ ] × 4 = 12

12 ÷ 4 = [ ]

7 × 5 = [ ]

[ ] ÷ 5 = 7

5 × [ ] = 50

50 ÷ [ ] = 5

综合乘法练习题⑤

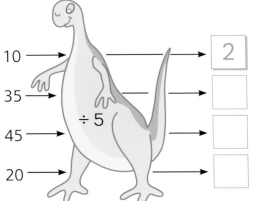

10 →
35 →
45 →
20 →

÷ 5

→ 2
→ ☐
→ ☐
→ ☐

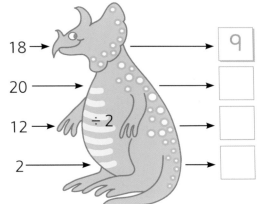

18 →
20 →
12 →
2 →

÷ 2

→ 9
→ ☐
→ ☐
→ ☐

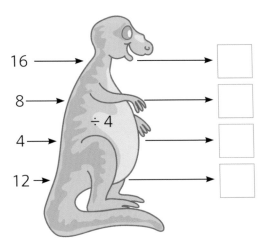

16 →
8 →
4 →
12 →

÷ 4

→ ☐
→ ☐
→ ☐
→ ☐

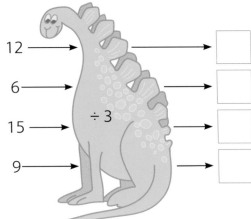

12 →
6 →
15 →
9 →

÷ 3

→ ☐
→ ☐
→ ☐
→ ☐

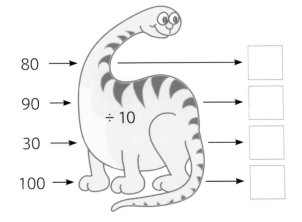

80 →
90 →
30 →
100 →

÷ 10

→ ☐
→ ☐
→ ☐
→ ☐

综合乘法练习题 ⑥

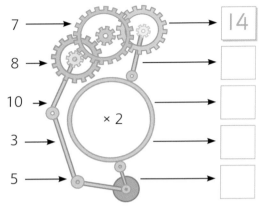

7 → 14
8 →
10 →
3 →
5 →

（× 2）

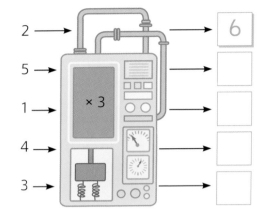

2 → 6
5 →
1 →
4 →
3 →

（× 3）

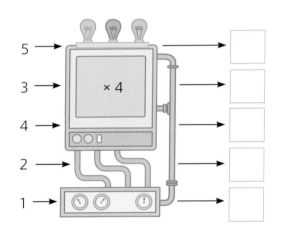

5 →
3 →
4 →
2 →
1 →

（× 4）

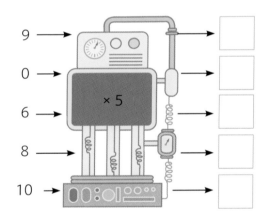

9 →
0 →
6 →
8 →
10 →

（× 5）

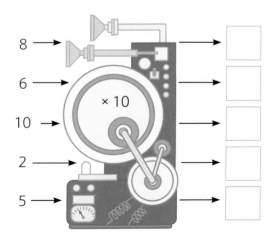

8 →
6 →
10 →
2 →
5 →

（× 10）

答 案

第129—136页是本章中所有练习题的答案，请家长对照答案来批改孩子的作业。

每页答案下方写给家长的提示有助于解释常见的问题，并提供解决问题的方法。

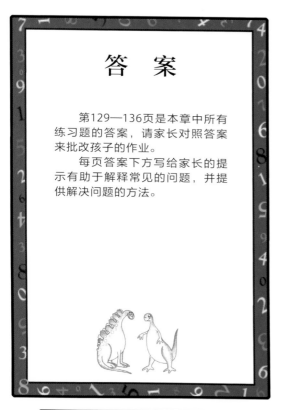

2的乘法表

将2的倍数涂上颜色，并找出规律。

1	2	3	4	5
6	7	8	9	10
11	12	13	14	15
16	17	18	19	20
21	22	23	24	25

填写答案。

$1 \times 2 = 2$　$2 \times 2 = 4$　$3 \times 2 = 6$　$4 \times 2 = 8$

$5 \times 2 = 10$　$6 \times 2 = 12$　$7 \times 2 = 14$　$8 \times 2 = 16$

$9 \times 2 = 18$　$10 \times 2 = 20$　$11 \times 2 = 22$　$12 \times 2 = 24$

下列动物有多少只耳朵？

5 对　　$5 \times 2 = 10$ 只

2 对　　$2 \times 2 = 4$ 只

8 对　　$8 \times 2 = 16$ 只

4 对　　$4 \times 2 = 8$ 只

孩子应该认识到，一个数乘2就是将相应个数的2连续相加，例如，2×3与2+2+2的答案相同。家长应帮助孩子发现在第1题中涂上颜色的方块内都是偶数。孩子能回答出27或31是不是2的倍数吗？

2的乘法练习

计算乘积。

下面有几双或几只脚？

2 双 = 4 只

$2 \times 2 = 4$

下面有几双或几只脚？

4 双 = 8 只

$4 \times 2 = 8$

下面有几双或几只脚？

7 双 = 14 只

$7 \times 2 = 14$

下面有几双或几只脚？

6 双 = 12 只

$6 \times 2 = 12$

下面有几双或几只脚？

5 双 = 10 只

$5 \times 2 = 10$

下面有几双或几只脚？

1 双 = 2 只

$1 \times 2 = 2$

给下面的乘法算式画上相匹配的图案。

孩子应画出8组物品，每组2个。

$8 \times 2 = 16$

孩子应画出10组物品，每组2个。

$10 \times 2 = 20$

孩子在读出算式之前，能说出他在图画中看到的内容吗（例如3双脚）？家长可以让孩子用积木做道具，排成一组2个，帮助理解。

2的除法练习

平均分配下列鸡蛋。

$10 \div 2 = 5$　　$4 \div 2 = 2$

$6 \div 2 = 3$　　$8 \div 2 = 4$

$12 \div 2 = 6$　　$16 \div 2 = 8$

$20 \div 2 = 10$　　$14 \div 2 = 7$

孩子是否理解"÷"这个符号表示将东西分成数量相同的几份？家长可以用纽扣代替图中的鸡蛋，帮助孩子练习平均分配。在这个阶段，实物练习很重要。

102

2的乘法应用题①

计算每组邮票的数量。

6 个2
6 × 2 = 12

8 个2
8 × 2 = 16

3 个2
3 × 2 = 6

5 个2
5 × 2 = 10

9 个2
9 × 2 = 18

1 个2
1 × 2 = 2

给下面的乘法算式画上相匹配的邮票。

3 × 2 = 6

4 × 2 = 8

2 × 2 = 4

7 × 2 = 14

请先让孩子将邮票两两分组，并数一数有多少组，然后使用乘法算出乘积。如果孩子能背诵2的乘法表，做这种计算题会更容易。

103

2的乘法应用题②

下面每张笑脸代表2。把每组笑脸和相应的数用线连起来。

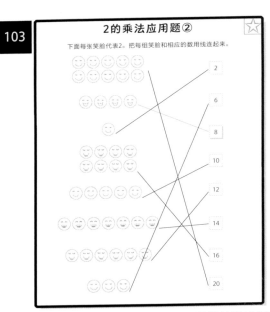

2
6
8
10
12
14
16
20

在做这一页的练习之前，孩子需要能够说出20以内的所有偶数。

104

2的乘法应用题③

下面有多少只眼睛？

3 × 2 = 6 只

5 × 2 = 10 只

9 × 2 = 18 只

2 × 2 = 4 只

8 × 2 = 16 只

4 × 2 = 8 只

给下面的乘法算式画上相匹配的图案。

2 × 2 = 4

10 × 2 = 20
孩子应画出10组物品，每组2个。

3 × 2 = 6
孩子应画出3组物品，每组2个。

7 × 2 = 14
孩子应画出7组物品，每组2个。

鼓励孩子在做练习题时大声读出来，这样家长就能知道他是否明白自己正在做什么。乘法算式中第二个乘数2表示的是一对里面有2个，第一个乘数是指一共有多少对。他理解了吗？

105

5的乘法表

将5的倍数涂上颜色，并找出规律。

1	2	3	4	5	6	7	8	9	10
11	12	13	14	15	16	17	18	19	20
21	22	23	24	25	26	27	28	29	30
31	32	33	34	35	36	37	38	39	40
41	42	43	44	45	46	47	48	49	50
51	52	53	54	55	56	57	58	59	60
61	62	63	64	65	66	67	68	69	70
71	72	73	74	75	76	77	78	79	80
81	82	83	84	85	86	87	88	89	90
91	92	93	94	95	96	97	98	99	100

填写答案。

1 × 5 = 5	2 × 5 = 10	3 × 5 = 15	4 × 5 = 20
5 × 5 = 25	6 × 5 = 30	7 × 5 = 35	8 × 5 = 40
9 × 5 = 45	10 × 5 = 50	11 × 5 = 55	12 × 5 = 60

下面有多少颗糖果？提示：每包有5颗糖果。

4 包   4 × 5 = 20 颗

3 包   3 × 5 = 15 颗

8 包   8 × 5 = 40 颗

7 包   7 × 5 = 35 颗

孩子注意到这些数有什么特点了吗？这些数的个位数字始终为0或5。他知道78，90，23或995是不是5的倍数吗？

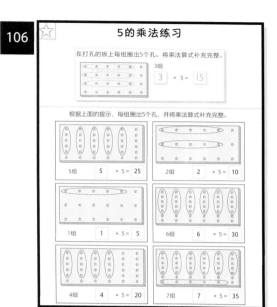

家长需要提醒孩子，能够说出"共有7组，每组5个，是7×5，也就是35"比一个一个地数35个孔的速度要快很多。

5的除法练习 107

用算式来表示每个塔中有多少块积木。

一共有 15 块积木，
5 个塔。
15 ÷ 5 = 3

根据上面的提示，用算式来表示每个塔中有多少块积木。

一共有 20 块积木，
5 个塔。
20 ÷ 5 = 4

一共有 30 块积木，
5 个塔。
30 ÷ 5 = 6

一共有 25 块积木，
5 个塔。
25 ÷ 5 = 5

一共有 10 块积木，
5 个塔。
10 ÷ 5 = 2

一共有 35 块积木，
5 个塔。
35 ÷ 5 = 7

一共有 40 块积木，
5 个塔。
40 ÷ 5 = 8

用积木练习可以让孩子加强对乘法的理解。孩子可以用语言描述他做了什么吗？例如，把40块积木分成5堆，每堆有8块积木。

在做这页的练习题之前，孩子需要学会背诵5的乘法表。家长应鼓励他先大声读出算式："什么乘5等于10"，然后再试图弄清楚这个数是什么。

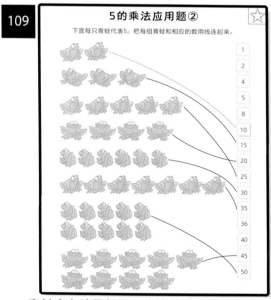

家长应向孩子解释，右边的数的数量比青蛙的组数多，因此不是每个数都能和左边的青蛙匹配上。提醒孩子，5的乘法表中所有答案的个位数都是0或5，他可以利用这一规律去排除那些与所有青蛙都不匹配的数。

131

110 ☆ 5的乘法应用题③

一共有多少？

乔治娅有7只猫，每只猫生了5只小猫。它们一共生了多少只小猫？

$7 \times 5 = 35$ 只

一共有多少？

查理有6个盒子，每个盒子里都有5辆玩具火车。那么查理一共有多少辆玩具火车？

$6 \times 5 = 30$ 辆

佐伊有3件夹克，每件夹克上都有5颗纽扣。那么佐伊一共有多少颗纽扣？

$3 \times 5 = 15$ 颗

小严有8个鱼缸，每个鱼缸里都有5条鱼。那么小严一共有多少条鱼？

$8 \times 5 = 40$ 条

每盒多少？

乔的45支铅笔平均放在5个铅笔盒里，每个铅笔盒里有多少支铅笔？

$45 \div 5 = 9$ 支

每份有多少？

希瑟将10只老鼠平均放在5个笼子里，每个笼子里有多少只老鼠？

$10 \div 5 = 2$ 只

香农能将35颗糖果平均放在5个袋子里，每个袋子里有多少颗糖果？

$35 \div 5 = 7$ 颗

马克将25粒种子平均放在5个花盆里，每个花盆里有多少粒种子？

$25 \div 5 = 5$ 粒

孩子可能会喜欢将题目中的条件画出来，以帮助他直观地理解。孩子也喜欢使用直观可数的物体（例如纽扣）来代表需要数的东西。

111 ☆ 10的乘法表

将10的倍数涂上颜色，并找出规律。

填写答案。

$1 \times 10 = 10$ $2 \times 10 = 20$ $3 \times 10 = 30$ $4 \times 10 = 40$

$5 \times 10 = 50$ $6 \times 10 = 60$ $7 \times 10 = 70$ $8 \times 10 = 80$

$9 \times 10 = 90$ $10 \times 10 = 100$ $11 \times 10 = 110$ $12 \times 10 = 120$

下面有多少支蜡笔？提示：每个盒子里有10支蜡笔。

2 盒 $\quad 2 \times 10 = 20$ 支

4 盒 $\quad 4 \times 10 = 40$ 支

6 盒 $\quad 6 \times 10 = 60$ 支

9 盒 $\quad 9 \times 10 = 90$ 支

孩子注意到表格中涂上颜色的数列有什么规律了吗？这些数的个位数总是0，十位数每次增加1。家长可以让他利用这个规律来检验别的数是不是10的倍数。

112 ☆ 10的乘除法练习

每个豆荚里有10颗豌豆。一共有多少颗豌豆？

有几个豆荚？ 2 个

$2 \times 10 = 20$ 颗

根据上面的提示，计算豌豆的数量。

有几个豆荚？ 4 个　　有几个豆荚？ 3 个

$4 \times 10 = 40$ 颗　　$3 \times 10 = 30$ 颗

有几个豆荚？ 6 个　　有几个豆荚？ 5 个

$6 \times 10 = 60$ 颗　　$5 \times 10 = 50$ 颗

这些豌豆来自多少个豆荚？

$30 \div 10 = 3$ 个

根据上面的提示，计算豆荚的数量。

$10 \div 10 = 1$ 个　　$100 \div 10 = 10$ 个

$20 \div 10 = 2$ 个　　$70 \div 10 = 7$ 个

一个数除以自身这样的题目常常会让孩子困惑。让孩子把10颗豌豆（或其他可数的东西）平分到10个杯子里或纸上画出的10个圆圈里，这样他就可以理解10÷10就是一共10个，分成10份，每份1个。

113 ☆ 10的除法练习

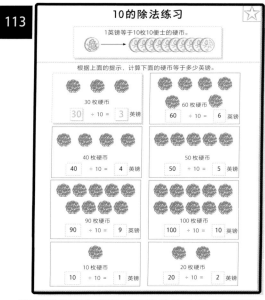

1英镑等于10枚10便士的硬币。

根据上面的提示，计算下面的硬币等于多少英镑。

30枚硬币　　$30 \div 10 = 3$ 英镑

60枚硬币　　$60 \div 10 = 6$ 英镑

40枚硬币　　$40 \div 10 = 4$ 英镑

50枚硬币　　$50 \div 10 = 5$ 英镑

90枚硬币　　$90 \div 10 = 9$ 英镑

100枚硬币　　$100 \div 10 = 10$ 英镑

10枚硬币　　$10 \div 10 = 1$ 英镑

20枚硬币　　$20 \div 10 = 2$ 英镑

孩子需要事先掌握10的乘法表才能做这页的练习题，因为一个一个地数硬币是不切实际的。如果孩子知道8乘10（8个一组，共10组）等于80，那么他也应该知道80除以10（共80个，分成10组）等于8。

132

10的乘法应用题①

一共有多少?

松鼠们在4处地方储藏了食物，每处都有10颗橡子。它们一共有多少颗橡子？

$4 × 10 = 40$ 颗

一共有多少?

猴子园有6棵香蕉树，每棵树上有10根香蕉。那么猴子园里一共有多少根香蕉？

$6 × 10 = 60$ 根

青蛙们喜欢在2个池塘里玩，每个池塘里有10片睡莲叶，那么池塘里一共有多少片睡莲叶？

$2 × 10 = 20$ 片

蛇有5个窝，每个窝里有10个蛋。它一共有多少个蛋？

$5 × 10 = 50$ 个

狮子们有7只幼崽，每只幼崽已经长出了10颗乳牙。它们一共有多少颗乳牙？

$7 × 10 = 70$ 颗

每个有多少?

乌鸦们有40个蛋和10个巢，平均每个巢中有多少个蛋？

$40 ÷ 10 = 4$ 个

每个有多少?

90只老鼠生活在10个巢穴中，平均每个巢穴中有多少只老鼠？

$90 ÷ 10 = 9$ 只

10个窝里藏着60只狐狸，平均每个窝里有多少只狐狸？

$60 ÷ 10 = 6$ 只

对孩子而言，这些数太大了，无法用图画表示，也无法用数数的方式来解决这些问题。这时候乘法就派上用场了。

10的乘法应用题②

把每只狗和相应的骨头用线连起来。

把每只老鼠和相应的奶酪用线连起来。

家长可以要求孩子理解×和÷的含义。有的孩子习惯于将任何事物都与别的事物相连，这一特性会在此页练习中展现。此页的练习题会让孩子明白，并非每个事物都需要连线，只有在匹配时才能连线。

10的乘法应用题③

找规律填空。

$3 × 10 = 30$
$10 × 3 = 30$
$30 ÷ 3 = 10$
$30 ÷ 10 = 3$

$5 × 10 = 50$
$10 × 5 = 50$
$50 ÷ 5 = 10$
$50 ÷ 10 = 5$

$7 × 10 = 70$
$10 × 7 = 70$
$70 ÷ 7 = 10$
$70 ÷ 10 = 7$

$9 × 10 = 90$
$10 × 9 = 90$
$90 ÷ 9 = 10$
$90 ÷ 10 = 9$

$2 × 10 = 20$
$10 × 2 = 20$
$20 ÷ 2 = 10$
$20 ÷ 10 = 2$

$4 × 10 = 40$
$10 × 4 = 40$
$40 ÷ 4 = 10$
$40 ÷ 10 = 4$

$8 × 10 = 80$
$10 × 8 = 80$
$80 ÷ 8 = 10$
$80 ÷ 10 = 8$

$6 × 10 = 60$
$10 × 6 = 60$
$60 ÷ 6 = 10$
$60 ÷ 10 = 6$

使用现实中的东西（例如8支铅笔）将有助于孩子理解如何用不同的方式分配一组东西。

3的乘法表

将3的倍数涂上颜色，并找出规律。

1	2	3	4	5
6	7	8	9	10
11	12	13	14	15
16	17	18	19	20
21	22	23	24	25

填写答案。

$1 × 3 = 3$ $2 × 3 = 6$ $3 × 3 = 9$ $4 × 3 = 12$ $5 × 3 = 15$

下面有多少朵花？提示：每丛有3朵花。

2 丛 $2 × 3 = 6$ 朵

3 丛 $3 × 3 = 9$ 朵

4 丛 $4 × 3 = 12$ 朵

5 丛 $5 × 3 = 15$ 朵

3的乘法表没有非常明显的规律，所以如果孩子的年纪较小，可以先只学到5×3。

3的乘法练习

写出与图画相配的算式。

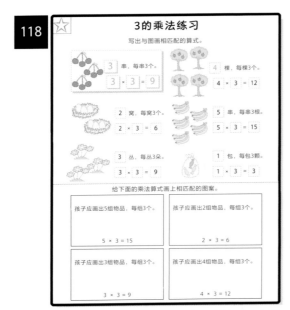

3 串，每串3个。

$3 \times 3 = 9$

4 棵，每棵3个。

$4 \times 3 = 12$

2 窝，每窝3个。

$2 \times 3 = 6$

5 串，每串3根。

$5 \times 3 = 15$

3 丛，每丛3朵。

$3 \times 3 = 9$

1 包，每包3颗。

$1 \times 3 = 3$

给下面的乘法算式画上相匹配的图案。

孩子应画出5组物品，每组3个。	孩子应画出2组物品，每组3个。
$5 \times 3 = 15$	$2 \times 3 = 6$
孩子应画出3组物品，每组3个。	孩子应画出4组物品，每组3个。
$3 \times 3 = 9$	$4 \times 3 = 12$

家长应鼓励孩子使用数学语言，例如"5串香蕉，每串有3根，一共是15根香蕉"。这有助于孩子加强对书面符号含义的理解，也能帮助家长检测孩子对乘法的理解是否准确。

3的除法练习

将钱平均放入三个钱包内，并将下列除法算式补充完整。
提示：仔细看清硬币上的面值数字，分别为：5，1，10，2。
单位都是便士。

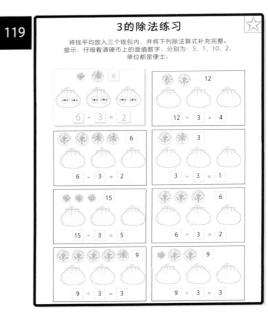

6

$6 \div 3 = 2$

12

$12 \div 3 = 4$

6

$6 \div 3 = 2$

3

$3 \div 3 = 1$

15

$15 \div 3 = 5$

6

$6 \div 3 = 2$

9

$9 \div 3 = 3$

9

$9 \div 3 = 3$

鼓励孩子验算每个钱包里的金额，可以使用硬币帮助理解。孩子是否意识到这页的有些练习题虽然硬币数量不同，但金额总数是相同的？

4的乘法表

将4的倍数涂上颜色，并找出规律。

1	2	3	4	5
6	7	8	9	10
11	12	13	14	15
16	17	18	19	20
21	22	23	24	25

填写答案。

$1 \times 4 = 4$ $2 \times 4 = 8$ $3 \times 4 = 12$ $4 \times 4 = 16$ $5 \times 4 = 20$

下面有多少朵花？提示：每丛有4朵花。

4 丛 $4 \times 4 = 16$ 朵

3 丛 $3 \times 4 = 12$ 朵

2 丛 $2 \times 4 = 8$ 朵

5 丛 $5 \times 4 = 20$ 朵

如果孩子的年纪较小，可以先只学到5×4。但是，如果孩子已经掌握了2，5和10的乘法表，那么可以帮助他学习5×4以上的乘法表。

4的乘法练习

写出与下面图画相配的算式。

3 组，每组4个。

$3 \times 4 = 12$

2 组，每组4个。

$2 \times 4 = 8$

4 组，每组4个。

$4 \times 4 = 16$

1 组，每组4个。

$1 \times 4 = 4$

5 组，每组4个。

$5 \times 4 = 20$

3 组，每组4个。

$3 \times 4 = 12$

给下面的乘法算式画上相匹配的图案。

孩子应画出2组物品，每组4个。	孩子应画出4组物品，每组4个。
$2 \times 4 = 8$	$4 \times 4 = 16$
孩子应画出5组物品，每组4个。	孩子应画出3组物品，每组4个。
$5 \times 4 = 20$	$3 \times 4 = 12$

此页可以让孩子进一步练习4的乘法题。

4的除法练习

每只盘子里有多少食物？

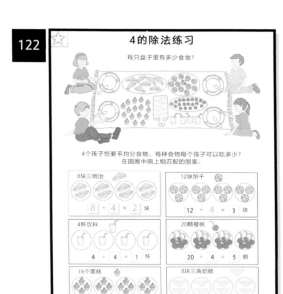

4个孩子想要平均分食物，每种食物每个孩子可以吃多少？
在圆圈中画上相匹配的图案。

8块三明治
$8 \div 4 = 2$ 块

12块饼干
$12 \div 4 = 3$ 块

4杯饮料
$4 \div 4 = 1$ 杯

20颗樱桃
$20 \div 4 = 5$ 颗

16个蛋糕
$16 \div 4 = 4$ 个

8块三角奶酪
$8 \div 4 = 2$ 块

让孩子回顾第120页的表格。他可以先在表格中找到12，再反向数，看12里面有多少个4。

综合乘法练习题①

每块挂板上有多少颗钉子？写出算式和答案。

3 行 4 列
$3 \times 4 = 12$

每块挂板上有多少颗钉子？根据上面的提示，写出算式和答案。

4 行 5 列
$4 \times 5 = 20$

2 行 6 列
$2 \times 6 = 12$

6 行 3 列
$6 \times 3 = 18$

5 行 5 列
$5 \times 5 = 25$

6 行 2 列
$6 \times 2 = 12$

1 行 5 列
$1 \times 5 = 5$

3 行 5 列
$3 \times 5 = 15$

4 行 4 列
$4 \times 4 = 16$

让孩子为每块挂板上的钉子数量写出两个乘法算式。例如，在第一个问题中，他可以写出 $4 \times 5 = 20$ 和 $5 \times 4 = 20$。这里体现了乘法交换率，无论两个乘数的顺序谁先谁后，都会得到相同的答案。了解这一点很有用。

综合乘法练习题②

人们打算平均分配12便士。写出算式和答案，并画出相匹配的硬币来表示每个人获得的硬币数量。 注：p=便士

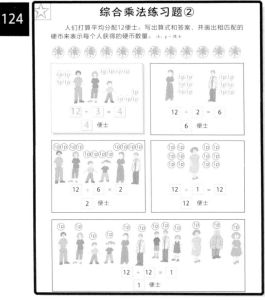

$12 \div 3 = 4$
4 便士

$12 \div 2 = 6$
6 便士

$12 \div 6 = 2$
2 便士

$12 \div 1 = 12$
12 便士

$12 \div 12 = 1$
1 便士

计算价钱时，使用正确的单位非常重要。

综合乘法练习题③

他们会得到多少报酬？

薪酬价目表（p = 便士）	
清扫卧室	3p
喂兔子	2p
整理玩具	6p
拿报纸	5p
遛狗	10p

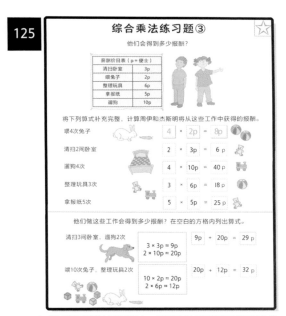

将下列算式补充完整，计算周伊和杰斯明将从这些工作中获得的报酬。

喂4次兔子
$4 \times 2p = 8p$

清扫2间卧室
$2 \times 3p = 6p$

遛狗4次
$4 \times 10p = 40p$

整理玩具3次
$3 \times 6p = 18p$

拿报纸5次
$5 \times 5p = 25p$

他们做这些工作会得到多少报酬？在空白的方格内列出算式。

清扫3间卧室，遛狗2次
$3 \times 3p = 9p$
$2 \times 10p = 20p$
$9p + 20p = 29p$

喂10次兔子，整理玩具2次
$10 \times 2p = 20p$
$2 \times 6p = 12p$
$20p + 12p = 32p$

在做最下面的两题时，孩子是否意识到需要先分别算出两份工作的报酬，再将它们加在一起？

综合乘法练习题④

写出隐藏在雨滴后面的数字。

$4 \times 5 = 20$

$20 \div 4 = 5$

$2 \times 4 = 8$

$8 \div 2 = 4$

$1 \times 3 = 3$

$2 \times 3 = 6$

$6 \div 3 = 2$

$3 \times 1 = 3$

$45 \div 5 = 9$

$5 \times 9 = 45$

$8 \times 2 = 16$

$16 \div 2 = 8$

$60 \div 10 = 6$

$10 \times 6 = 60$

$3 \times 4 = 12$

$12 \div 4 = 3$

$7 \times 5 = 35$

$35 \div 5 = 7$

$5 \times 10 = 50$

$50 \div 10 = 5$

孩子需要事先掌握2，3，4，5和10的乘法表，才能做这页的练习题。理解乘法和除法互为逆运算是很重要的。例如，既然$4 \times 5 = 20$，$5 \times 4 = 20$，那么$20 \div 4 = 5$，$20 \div 5 = 4$。

综合乘法练习题⑤

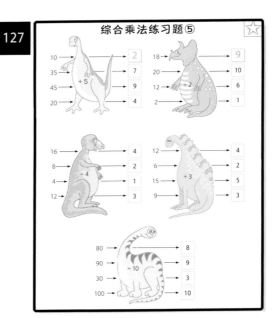

孩子应该尝试只用心算来做这页的练习题。他能不能在解题时用数学语言表达？例如：$35 \div 5$的意思是35中有多少个5，7个5是35，所以$35 \div 5 = 7$。

综合乘法练习题⑥

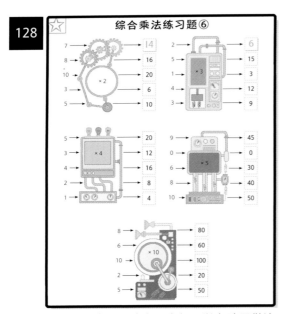

孩子如果学会了乘法表，家长可以在孩子做这页练习题的时候用计时器为孩子计时，与时间"赛跑"，增添挑战性。家长还可以用纸遮住答案，让孩子再赛一次，看看是否能打破之前的纪录。

乘法表速度闯关

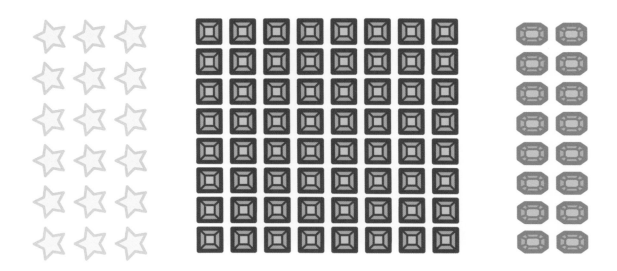

专项闯关打卡

速度测验①

用最快的速度写出答案。

$4 \times 10 =$ 　40　　　　$8 \times 2 =$ 　16　　　　$6 \times 5 =$ 　30

用最快的速度写出答案。

$3 \times 2 =$	$0 \times 5 =$	$3 \times 10 =$	$0 \times 3 =$
$5 \times 2 =$	$10 \times 5 =$	$5 \times 10 =$	$10 \times 3 =$
$1 \times 2 =$	$8 \times 5 =$	$1 \times 10 =$	$8 \times 3 =$
$4 \times 2 =$	$6 \times 5 =$	$4 \times 10 =$	$6 \times 3 =$
$12 \times 2 =$	$2 \times 5 =$	$7 \times 10 =$	$2 \times 3 =$
$2 \times 2 =$	$7 \times 5 =$	$2 \times 10 =$	$7 \times 3 =$
$6 \times 2 =$	$4 \times 5 =$	$6 \times 10 =$	$4 \times 3 =$
$8 \times 2 =$	$1 \times 5 =$	$8 \times 10 =$	$1 \times 3 =$
$10 \times 2 =$	$5 \times 5 =$	$10 \times 11 =$	$5 \times 3 =$
$0 \times 2 =$	$3 \times 5 =$	$0 \times 10 =$	$3 \times 3 =$
$9 \times 2 =$	$5 \times 3 =$	$9 \times 10 =$	$6 \times 4 =$
$2 \times 7 =$	$5 \times 8 =$	$10 \times 7 =$	$3 \times 4 =$
$2 \times 11 =$	$5 \times 6 =$	$10 \times 1 =$	$7 \times 12 =$
$2 \times 4 =$	$5 \times 9 =$	$10 \times 4 =$	$4 \times 4 =$
$3 \times 7 =$	$5 \times 7 =$	$10 \times 7 =$	$10 \times 4 =$
$2 \times 5 =$	$11 \times 4 =$	$10 \times 12 =$	$8 \times 4 =$
$2 \times 9 =$	$5 \times 1 =$	$10 \times 9 =$	$0 \times 4 =$
$2 \times 6 =$	$4 \times 7 =$	$10 \times 6 =$	$9 \times 4 =$
$2 \times 8 =$	$5 \times 11 =$	$10 \times 8 =$	$5 \times 4 =$
$12 \times 3 =$	$5 \times 2 =$	$10 \times 3 =$	$2 \times 4 =$

3的乘法练习①

你需要事先掌握这些：
1 × 3 = 3   2 × 3 = 6   3 × 3 = 9   4 × 3 = 12   5 × 3 = 15   10 × 3 = 30

一共是多少？

每组3个，6组一共是 ⬚　　　6个3等于 ⬚　　　6 × 3 = ⬚

一共是多少？

每组3个，7组一共是 ⬚　　　7个3等于 ⬚　　　7 × 3 = ⬚

一共是多少？

每组3个，8组一共是 ⬚　　　8个3等于 ⬚　　　8 × 3 = ⬚

一共是多少？

每组3个，9组一共是 ⬚　　　9个3等于 ⬚　　　9 × 3 = ⬚

140

3的乘法练习②

你现在应该已经掌握了3的乘法表：

$1 \times 3 = 3$　$2 \times 3 = 6$　$3 \times 3 = 9$　$4 \times 3 = 12$　$5 \times 3 = 15$　$6 \times 3 = 18$

$7 \times 3 = 21$　$8 \times 3 = 24$　$9 \times 3 = 27$　$10 \times 3 = 30$　$11 \times 3 = 33$　$12 \times 3 = 36$

自己朗读几遍。

用一张纸盖住上面的乘法表。
用最快的速度写出答案。

$2 \times 3 =$	$5 \times 3 =$	$6 \times 3 =$
$3 \times 3 =$	$7 \times 3 =$	$9 \times 3 =$
$4 \times 3 =$	$9 \times 3 =$	$4 \times 3 =$
$5 \times 3 =$	$4 \times 3 =$	$5 \times 3 =$
$6 \times 3 =$	$6 \times 3 =$	$3 \times 7 =$
$7 \times 3 =$	$8 \times 3 =$	$3 \times 4 =$
$8 \times 3 =$	$10 \times 3 =$	$2 \times 3 =$
$9 \times 3 =$	$11 \times 3 =$	$12 \times 3 =$
$10 \times 3 =$	$12 \times 3 =$	$3 \times 9 =$
$11 \times 3 =$	$2 \times 3 =$	$3 \times 6 =$
$3 \times 2 =$	$3 \times 5 =$	$3 \times 5 =$
$3 \times 3 =$	$3 \times 7 =$	$3 \times 8 =$
$3 \times 4 =$	$3 \times 9 =$	$7 \times 3 =$
$3 \times 5 =$	$3 \times 4 =$	$3 \times 2 =$
$3 \times 6 =$	$3 \times 6 =$	$3 \times 11 =$
$3 \times 7 =$	$3 \times 8 =$	$8 \times 3 =$
$3 \times 8 =$	$3 \times 10 =$	$3 \times 10 =$
$3 \times 9 =$	$3 \times 1 =$	$1 \times 3 =$
$3 \times 10 =$	$3 \times 0 =$	$3 \times 3 =$
$3 \times 12 =$	$3 \times 2 =$	$3 \times 9 =$

4的乘法练习①

你需要事先掌握这些：
1 × 4 = 4 2 × 4 = 8 3 × 4 = 12 4 × 4 = 16 5 × 4 = 20 10 × 4 = 40

一共是多少？

每组4个，6组一共是 ＿＿＿　　　6个4等于 ＿＿＿　　　6 × 4 = ＿＿＿

一共是多少？

每组4个，7组一共是 ＿＿＿　　　7个4等于 ＿＿＿　　　7 × 4 = ＿＿＿

一共是多少？

每组4个，8组一共是 ＿＿＿　　　8个4等于 ＿＿＿　　　8 × 4 = ＿＿＿

一共是多少？

每组4个，9组一共是 ＿＿＿　　　9个4等于 ＿＿＿　　　9 × 4 = ＿＿＿

142

4的乘法练习②

你现在应该已经掌握了4的乘法表：

1 × 4 = 4   2 × 4 = 8   3 × 4 = 12   4 × 4 = 16   5 × 4 = 20   6 × 4 = 24

7 × 4 = 28   8 × 4 = 32   9 × 4 = 36   10 × 4 = 40   11 × 4 = 44   12 × 4 = 48

自己朗读几遍。

用一张纸盖住上面的乘法表。
用最快的速度写出答案。

2 × 4 =	5 × 4 =	6 × 4 =
3 × 4 =	7 × 4 =	4 × 12 =
4 × 4 =	4 × 11 =	4 × 1 =
5 × 4 =	3 × 4 =	5 × 4 =
6 × 4 =	6 × 4 =	4 × 7 =
7 × 4 =	8 × 4 =	3 × 4 =
8 × 4 =	12 × 4 =	2 × 4 =
9 × 4 =	1 × 4 =	4 × 11 =
10 × 4 =	4 × 4 =	4 × 3 =
11 × 4 =	2 × 4 =	4 × 6 =
4 × 2 =	4 × 5 =	4 × 5 =
4 × 3 =	4 × 7 =	4 × 8 =
4 × 4 =	4 × 9 =	7 × 4 =
4 × 5 =	4 × 4 =	4 × 2 =
4 × 6 =	4 × 6 =	4 × 12 =
4 × 7 =	11 × 4 =	8 × 4 =
4 × 8 =	4 × 10 =	4 × 11 =
4 × 9 =	4 × 12 =	1 × 4 =
4 × 10 =	4 × 0 =	4 × 4 =
4 × 12 =	4 × 2 =	4 × 9 =

速度测验②

你现在应该已经掌握了2，3，4，5和10的乘法表。你能熟练地应用它们吗？
完成这页练习题，并请别人帮你计时。
记住，你必须既要做得快，又要做得对！

4 × 2 =	6 × 3 =	9 × 5 =
8 × 3 =	3 × 4 =	8 × 10 =
7 × 4 =	7 × 5 =	11 × 2 =
6 × 5 =	3 × 10 =	6 × 3 =
8 × 10 =	12 × 2 =	12 × 4 =
8 × 2 =	7 × 3 =	4 × 5 =
5 × 3 =	4 × 4 =	3 × 10 =
9 × 4 =	11 × 5 =	2 × 2 =
5 × 5 =	4 × 10 =	1 × 3 =
7 × 10 =	6 × 2 =	0 × 4 =
0 × 2 =	5 × 12 =	11 × 5 =
11 × 3 =	8 × 4 =	9 × 2 =
6 × 4 =	0 × 5 =	8 × 3 =
3 × 5 =	2 × 10 =	7 × 4 =
4 × 10 =	7 × 2 =	6 × 5 =
7 × 2 =	8 × 3 =	5 × 10 =
3 × 3 =	9 × 4 =	4 × 0 =
2 × 4 =	5 × 5 =	3 × 2 =
7 × 5 =	12 × 10 =	2 × 8 =
9 × 10 =	5 × 2 =	1 × 9 =

6的乘法练习①

你现在应该已经掌握了一部分6的乘法表，因为它们也是2，3，4，5和10的乘法表的一部分。

$1 \times 6 = 6$　　$2 \times 6 = 12$　　$3 \times 6 = 18$　　$4 \times 6 = 24$　　$5 \times 6 = 30$　　$10 \times 6 = 60$

看看你能否快速并准确地应用它们。

用一张纸盖住上面的乘法表。
用最快的速度写出答案。

3个6是多少？　　　　　　　　　　10个6是多少？

2个6是多少？　　　　　　　　　　4个6是多少？

1个6是多少？　　　　　　　　　　5个6是多少？

用最快的速度写出答案。

多少个6等于12？　　　　　　　　多少个6等于6？

多少个6等于30？　　　　　　　　多少个6等于18？

多少个6等于24？　　　　　　　　多少个6等于60？

用最快的速度写出答案。

3乘6等于　　　　　　　　　　　　10乘6等于

2乘6等于　　　　　　　　　　　　5乘6等于

1乘6等于　　　　　　　　　　　　4乘6等于

用最快的速度写出答案。

$4 \times 6 =$　　　　　$2 \times 6 =$　　　　　$10 \times 6 =$

$5 \times 6 =$　　　　　$1 \times 6 =$　　　　　$3 \times 6 =$

用最快的速度写出答案。

一盒鸡蛋有6个，一个人买了5盒鸡蛋。那么他一共买了多少个鸡蛋？

一包口香糖有6块，10包口香糖一共有多少块？

6的乘法练习 ②

现在你只需要掌握这些：
6 × 6 = 36   7 × 6 = 42   8 × 6 = 48   9 × 6 = 54   11 × 6 = 66   12 × 6 = 72

下面的练习题将帮助你记住上面的乘法表。

将下面的数列补充完整：

6   12   18   24   30

5 × 6 = 30   所以6 × 6 = 30 + 6 =

18   24   30

6 × 6 = 36   所以7 × 6 = 36 + 6 =

6   12   18   48   60

7 × 6 = 42   所以8 × 6 = 42 + 6 =

6   18   24   30

8 × 6 = 48   所以9 × 6 = 48 + 6 =

                        24   42   60

用一张纸盖住上面。

6个6是多少？   7个6是多少？

12个6是多少？   11个6是多少？

12 × 6 =   7 × 6 =   6 × 6 =   11 × 6 =

6的乘法练习③

你现在应该已经掌握了6的乘法表。你能熟练地应用它们吗？
完成这页练习题，并请别人帮你计时。
记住，你必须既要做得快，又要做得对！

1 × 6 =	6 × 10 =	11 × 6 =
2 × 6 =	12 × 6 =	3 × 6 =
3 × 6 =	4 × 6 =	9 × 6 =
4 × 6 =	6 × 6 =	6 × 4 =
5 × 6 =	8 × 6 =	1 × 6 =
6 × 6 =	11 × 6 =	6 × 2 =
7 × 6 =	3 × 6 =	6 × 8 =
8 × 6 =	5 × 6 =	0 × 6 =
9 × 6 =	7 × 6 =	6 × 3 =
10 × 6 =	9 × 6 =	12 × 6 =
11 × 6 =	6 × 3 =	6 × 7 =
12 × 6 =	6 × 5 =	2 × 6 =
6 × 2 =	6 × 7 =	6 × 11 =
6 × 3 =	6 × 9 =	4 × 6 =
6 × 4 =	6 × 12 =	8 × 6 =
6 × 5 =	6 × 4 =	10 × 6 =
6 × 6 =	6 × 6 =	6 × 5 =
6 × 7 =	6 × 8 =	6 × 0 =
6 × 8 =	6 × 10 =	6 × 1 =
6 × 9 =	6 × 0 =	11 × 6 =

速度测验③

你现在应该已经掌握了2，3，4，5，6和10的乘法表。你能熟练地应用它们吗？

完成这页练习题，并请别人帮你计时。

记住，你必须既要做得快，又要做得对！

$4 \times 6 =$	$6 \times 3 =$	$9 \times 6 =$
$5 \times 3 =$	$8 \times 6 =$	$8 \times 6 =$
$7 \times 3 =$	$6 \times 6 =$	$7 \times 3 =$
$6 \times 5 =$	$3 \times 12 =$	$11 \times 2 =$
$6 \times 11 =$	$6 \times 2 =$	$5 \times 4 =$
$8 \times 2 =$	$7 \times 3 =$	$4 \times 6 =$
$5 \times 3 =$	$4 \times 6 =$	$3 \times 6 =$
$9 \times 6 =$	$6 \times 5 =$	$2 \times 6 =$
$5 \times 5 =$	$6 \times 10 =$	$6 \times 3 =$
$7 \times 6 =$	$6 \times 2 =$	$0 \times 6 =$
$0 \times 2 =$	$5 \times 3 =$	$11 \times 5 =$
$6 \times 3 =$	$8 \times 4 =$	$6 \times 2 =$
$6 \times 6 =$	$0 \times 6 =$	$8 \times 3 =$
$3 \times 5 =$	$5 \times 10 =$	$7 \times 6 =$
$4 \times 11 =$	$7 \times 6 =$	$6 \times 5 =$
$7 \times 10 =$	$8 \times 3 =$	$12 \times 6 =$
$3 \times 6 =$	$9 \times 6 =$	$6 \times 0 =$
$2 \times 4 =$	$5 \times 12 =$	$3 \times 11 =$
$6 \times 9 =$	$7 \times 10 =$	$2 \times 8 =$
$9 \times 10 =$	$5 \times 6 =$	$12 \times 2 =$

7的乘法练习 ①

你现在应该已经掌握了一部分7的乘法表，因为它们也是2，3，4，5，6和10的乘法的一部分。

$1 × 7 = 7$ $2 × 7 = 14$ $3 × 7 = 21$ $4 × 7 = 28$
$5 × 7 = 35$ $6 × 7 = 42$ $10 × 7 = 70$

看看你能否快速并准确地应用它们。

用一张纸盖住上面的乘法表。
用最快的速度写出答案。

3个7是多少？

2个7是多少？

6个7是多少？

10个7是多少？

4个7是多少？

5个7是多少？

用最快的速度写出答案。

多少个7等于14？

多少个7等于35？

多少个7等于28？

多少个7等于42？

多少个7等于21？

多少个7等于70？

用最快的速度写出答案。

3乘7等于

2乘7等于

6乘7等于

10乘7等于

5乘7等于

4乘7等于

用最快的速度写出答案。

$4 × 7 =$

$5 × 7 =$

$2 × 7 =$

$1 × 7 =$

$10 × 7 =$

$3 × 7 =$

用最快的速度写出答案。

一包糖果有7颗，安买了5包。那么她一共有多少颗糖果？

6个星期一共有多少天？

⭐ 7的乘法练习 ②

> 现在你只需要掌握这些：
> $7 \times 7 = 49$　$8 \times 7 = 56$　$9 \times 7 = 63$　$11 \times 7 = 77$　$12 \times 7 = 84$

下面的练习题将帮助你记住上面的乘法表。

将下面的数列补充完整：

| 7 | 14 | 21 | 28 | 35 | 42 | | | |

$6 \times 7 = 42$　　所以$7 \times 7 = 42 + 7 =$

| 21 | 28 | 35 | | | | |

$7 \times 7 = 49$　　所以$8 \times 7 = 49 + 7 =$

| 7 | 14 | 21 | | | 56 | | 70 |

$8 \times 7 = 56$　　所以$9 \times 7 = 56 + 7 =$

| 7 | | 21 | 28 | 35 | | |

用一张纸盖住上面。

7个7是多少？ 　　　　8个7是多少？

12个7是多少？　　　　11个7是多少？

$8 \times 7 =$　　　$7 \times 7 =$　　　$12 \times 7 =$　　　$11 \times 7 =$

8个星期一共有多少天？

一包笔有7支，9包笔一共有多少支？

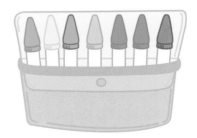

多少个7等于56？

7的乘法练习 ③

你现在应该已经掌握了7的乘法表。你能熟练地应用它们吗？
完成这页练习题，并请别人帮你计时。
记住，你必须既要做得快，又要做得对！

1 × 7 =	7 × 10 =	7 × 6 =
2 × 7 =	2 × 7 =	3 × 7 =
3 × 7 =	4 × 7 =	9 × 7 =
4 × 7 =	6 × 7 =	7 × 4 =
5 × 7 =	8 × 7 =	1 × 7 =
6 × 7 =	1 × 7 =	7 × 2 =
7 × 7 =	3 × 7 =	7 × 8 =
8 × 7 =	5 × 7 =	0 × 7 =
9 × 7 =	11 × 7 =	7 × 11 =
10 × 7 =	9 × 7 =	5 × 7 =
11 × 7 =	7 × 3 =	7 × 7 =
12 × 7 =	7 × 5 =	2 × 7 =
7 × 2 =	7 × 7 =	7 × 9 =
7 × 3 =	7 × 9 =	4 × 7 =
7 × 4 =	7 × 12 =	8 × 7 =
7 × 5 =	7 × 4 =	10 × 7 =
7 × 6 =	7 × 6 =	7 × 5 =
7 × 7 =	7 × 8 =	7 × 0 =
7 × 8 =	7 × 11 =	7 × 12 =
7 × 9 =	7 × 0 =	6 × 7 =

速度测验④

你现在应该已经掌握了2，3，4，5，6，7和10的乘法表。你能熟练地应用它们吗？
完成这页练习题，请别人帮你计时。
记住，你必须既要做得快，又要做得对！

4 × 7 =	7 × 3 =	9 × 7 =
5 × 10 =	8 × 7 =	7 × 6 =
7 × 5 =	6 × 6 =	8 × 3 =
6 × 5 =	5 × 12 =	6 × 6 =
6 × 11 =	6 × 3 =	7 × 4 =
8 × 7 =	7 × 5 =	4 × 6 =
5 × 8 =	4 × 6 =	3 × 7 =
9 × 6 =	6 × 5 =	2 × 8 =
5 × 7 =	7 × 11 =	7 × 3 =
7 × 6 =	6 × 7 =	0 × 6 =
0 × 5 =	5 × 7 =	11 × 4 =
6 × 3 =	8 × 4 =	6 × 2 =
6 × 7 =	0 × 7 =	8 × 7 =
3 × 5 =	5 × 8 =	7 × 7 =
4 × 7 =	7 × 6 =	6 × 5 =
7 × 12 =	8 × 3 =	5 × 11 =
7 × 8 =	9 × 6 =	7 × 0 =
2 × 7 =	7 × 7 =	3 × 12 =
4 × 9 =	2 × 11 =	2 × 7 =
9 × 10 =	5 × 6 =	7 × 8 =

8的乘法练习①

你现在应该已经掌握了一部分8的乘法表，因为它们也是2，3，4，5，6，7和10的乘法表的一部分。

$1 × 8 = 8$ $2 × 8 = 16$ $3 × 8 = 24$ $4 × 8 = 32$

$5 × 8 = 40$ $6 × 8 = 48$ $7 × 8 = 56$ $10 × 8 = 80$

看看你能否快速并准确地应用它们。

用一张纸盖住上面的乘法表。
用最快的速度写出答案。

3个8是多少？   10个8是多少？

2个8是多少？   4个8是多少？

6个8是多少？   5个8是多少？

用最快的速度写出答案。

多少个8等于16？   多少个8等于40？

多少个8等于32？   多少个8等于24？

多少个8等于56？   多少个8等于48？

用最快的速度写出答案。

3乘8等于   10乘8等于

2乘8等于   5乘8等于

6乘8等于   4乘8等于

用最快的速度写出答案。

$6 × 8 =$ $2 × 8 =$ $10 × 8 =$

$5 × 8 =$ $7 × 8 =$ $3 × 8 =$

用最快的速度写出答案。
一个比萨饼有8块，约翰买了6个比萨饼。
那么他一共有多少块比萨饼？
什么数乘8等于56？

153

8的乘法练习②

现在你只需要掌握这些：
8 × 8 = 64　　9 × 8 = 72　　11 × 8 = 88　　12 × 8 = 96

下面的练习题将帮助你记住上面的乘法表。

将下面的数列补充完整：

| 8 | 16 | 24 | 32 | 40 | 48 | | | | |

7 × 8 = 56　　　　　所以8 × 8 = 56 + 8 =

| 24 | 32 | 40 | | | | | |

8 × 8 = 64　　　　　所以9 × 8 = 64 + 8 =

| 8 | 16 | 24 | | | | | 64 | | 80 |

| 8 | | 24 | | 40 | | |

用一张纸盖住上面。

7个8是多少？　　　　　　　　　　　11个8是多少？

12个8是多少？　　　　　　　　　　9个8是多少？

11 × 8 = 　　　　12 × 8 = 　　　　9 × 8 = 　　　　10 × 8 =

什么数乘8等于72？

一个数乘8的答案是80。这个数是多少？

大卫把积木放成8块一堆。10堆一共有
多少块积木？

什么数乘5的答案是40？

多少个8等于72？

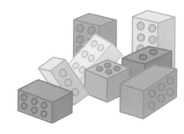

154

8的乘法练习③

你现在应该已经掌握了8的乘法表。你能熟练地应用它们吗？
完成这页练习题，并请别人帮你计时。
记住，你必须既要做得快，又要做得对！

1 × 8 =	8 × 10 =	8 × 6 =
2 × 8 =	2 × 8 =	3 × 8 =
3 × 8 =	4 × 8 =	9 × 8 =
4 × 8 =	6 × 8 =	8 × 4 =
5 × 8 =	8 × 8 =	11 × 8 =
6 × 8 =	12 × 8 =	8 × 2 =
7 × 8 =	1 × 8 =	7 × 8 =
8 × 8 =	3 × 8 =	12 × 8 =
9 × 8 =	5 × 8 =	8 × 3 =
10 × 8 =	7 × 8 =	5 × 8 =
11 × 8 =	8 × 3 =	8 × 8 =
12 × 8 =	8 × 5 =	2 × 8 =
8 × 2 =	8 × 8 =	8 × 9 =
8 × 3 =	8 × 9 =	4 × 8 =
8 × 4 =	8 × 11 =	8 × 7 =
8 × 5 =	8 × 4 =	10 × 8 =
8 × 6 =	8 × 6 =	8 × 12 =
8 × 7 =	8 × 8 =	8 × 0 =
8 × 8 =	8 × 10 =	8 × 11 =
8 × 9 =	8 × 0 =	12 × 8 =

速度测验⑤

你现在应该学会了2，3，4，5，6，7，8和10的乘法表。你能熟练地应用它们吗？
完成这页练习题，并请别人帮你计时。
记住，你必须既要做得快，又要做得对！

4 × 8 =	7 × 8 =	9 × 8 =
5 × 11 =	8 × 7 =	7 × 6 =
7 × 8 =	6 × 8 =	8 × 3 =
8 × 5 =	8 × 11 =	8 × 8 =
6 × 11 =	6 × 3 =	7 × 4 =
8 × 7 =	7 × 7 =	0 × 8 =
5 × 8 =	5 × 6 =	3 × 7 =
9 × 8 =	6 × 7 =	2 × 8 =
8 × 8 =	7 × 12 =	7 × 3 =
7 × 6 =	6 × 9 =	0 × 8 =
7 × 5 =	5 × 8 =	12 × 8 =
6 × 8 =	8 × 4 =	6 × 2 =
6 × 7 =	0 × 8 =	8 × 6 =
5 × 7 =	5 × 9 =	7 × 8 =
8 × 4 =	7 × 6 =	6 × 5 =
7 × 11 =	8 × 3 =	8 × 10 =
2 × 8 =	9 × 6 =	8 × 7 =
4 × 7 =	4 × 12 =	5 × 12 =
6 × 9 =	9 × 10 =	8 × 2 =
9 × 10 =	6 × 6 =	8 × 9 =

9的乘法练习 ①

你现在应该已经掌握了一部分9的乘法表，因为它们也是2，3，4，5，6，7，8和10的乘法的一部分。

$1 \times 9 = 9$ $2 \times 9 = 18$ $3 \times 9 = 27$ $4 \times 9 = 36$ $5 \times 9 = 45$

$6 \times 9 = 54$ $7 \times 9 = 63$ $8 \times 9 = 72$ $10 \times 9 = 90$

看看你能否快速并准确地应用它们。

用一张纸盖住上面的乘法表。
用最快的速度写出答案。

3个9是多少？   10个9是多少？

2个9是多少？   4个9是多少？

6个9是多少？   5个9是多少？

7个9是多少？   8个9是多少？

用最快的速度写出答案。

多少个9等于18？   多少个9等于54？

多少个9等于90？   多少个9等于27？

多少个9等于72？   多少个9等于36？

多少个9等于45？   多少个9等于63？

用最快的速度写出答案。

7乘9等于   10乘9等于

2乘9等于   5乘9等于

6乘9等于   4乘9等于

3乘9等于   8乘9等于

用最快的速度写出答案。

$6 \times 9 =$ $2 \times 9 =$ $10 \times 9 =$

$5 \times 9 =$ $3 \times 9 =$ $8 \times 9 =$

$0 \times 9 =$ $7 \times 9 =$ $4 \times 9 =$

9的乘法练习 ②

现在你只需要掌握这些：
$9 × 9 = 81$　　$9 × 11 = 99$　　$9 × 12 = 108$

下面的练习题将帮助你记住上面的乘法表。
将下面的数列补充完整：

9	18	27	36	45	54				

$8 × 9 = 72$　　　　所以$9 × 9 = 72 + 9 =$ ☐

45	54	63			

9	18	27				72		90

9		27		45				

在下面9的乘法表中寻找规律。

$1 × 9 = 09$
$2 × 9 = 18$
$3 × 9 = 27$
$4 × 9 = 36$
$5 × 9 = 45$
$6 × 9 = 54$
$7 × 9 = 63$
$8 × 9 = 72$
$9 × 9 = 81$
$10 × 9 = 90$

写下你能看到的规律。 规律不止一个哟！

_____

_____

_____

_____

_____

_____

9的乘法练习 ③

你现在应该已经掌握了9的乘法表。你能熟练地应用它们吗？

完成这页练习题，并请别人帮你计时。

记住，你必须既要做得快，又要做得对！

1 × 9 =	9 × 10 =	9 × 6 =
2 × 9 =	2 × 9 =	3 × 9 =
3 × 9 =	4 × 9 =	9 × 9 =
4 × 9 =	6 × 9 =	9 × 4 =
5 × 9 =	9 × 7 =	11 × 9 =
6 × 9 =	12 × 9 =	9 × 2 =
7 × 9 =	1 × 9 =	7 × 9 =
8 × 9 =	3 × 9 =	12 × 9 =
9 × 9 =	5 × 9 =	9 × 3 =
10 × 9 =	7 × 9 =	5 × 9 =
11 × 9 =	9 × 9 =	9 × 9 =
12 × 9 =	9 × 11 =	2 × 9 =
9 × 2 =	9 × 5 =	8 × 9 =
9 × 3 =	0 × 9 =	4 × 9 =
9 × 4 =	9 × 1 =	9 × 7 =
9 × 5 =	9 × 2 =	10 × 9 =
9 × 6 =	9 × 4 =	9 × 5 =
9 × 7 =	9 × 6 =	9 × 0 =
9 × 8 =	9 × 8 =	9 × 11 =
9 × 9 =	9 × 12 =	12 × 9 =

速度测验⑥

你现在已经学完了乘法表。你能熟练地应用它们吗？

完成这页练习题，并请别人帮你计时。

记住，你必须既要做得快，又要做得对！

6 × 8 =	4 × 8 =	8 × 12 =
9 × 12 =	9 × 8 =	7 × 9 =
5 × 8 =	6 × 6 =	8 × 5 =
7 × 5 =	8 × 9 =	8 × 7 =
6 × 4 =	6 × 4 =	7 × 4 =
8 × 8 =	7 × 3 =	4 × 9 =
5 × 11 =	5 × 9 =	6 × 7 =
9 × 8 =	6 × 8 =	4 × 6 =
8 × 3 =	7 × 7 =	7 × 8 =
7 × 7 =	6 × 9 =	6 × 9 =
9 × 5 =	7 × 8 =	11 × 8 =
4 × 8 =	8 × 4 =	6 × 5 =
6 × 7 =	0 × 9 =	8 × 8 =
2 × 9 =	10 × 12 =	7 × 6 =
8 × 4 =	7 × 6 =	6 × 8 =
7 × 12 =	8 × 7 =	9 × 10 =
2 × 8 =	9 × 6 =	8 × 4 =
4 × 7 =	8 × 6 =	7 × 11 =
6 × 9 =	11 × 9 =	5 × 8 =
9 × 9 =	6 × 7 =	8 × 9 =

用乘法表做除法①

利用乘法表也可以做除法。
看看下面这些例子。
$3 \times 6 = 18$，所以 $18 \div 3 = 6$，$18 \div 6 = 3$
$4 \times 5 = 20$，所以 $20 \div 4 = 5$，$20 \div 5 = 4$
$9 \times 11 = 99$，所以 $99 \div 11 = 9$，$99 \div 9 = 11$

计算下面的除法题。

$3 \times 8 = 24$，所以 $24 \div 3 =$ _____ ，$24 \div 8 =$ _____

$4 \times 7 = 28$，所以 $28 \div 4 =$ _____ ，$28 \div 7 =$ _____

$3 \times 5 = 15$，所以 $15 \div 3 =$ _____ ，$15 \div 5 =$ _____

$4 \times 3 = 12$，所以 $12 \div 3 =$ _____ ，$12 \div 4 =$ _____

$3 \times 11 = 33$，所以 $33 \div 3 =$ _____ ，$33 \div 11 =$ _____

$4 \times 8 = 32$，所以 $32 \div 4 =$ _____ ，$32 \div 8 =$ _____

$3 \times 9 = 27$，所以 $27 \div 3 =$ _____ ，$27 \div 9 =$ _____

$4 \times 12 = 48$，所以 $48 \div 4 =$ _____ ，$48 \div 12 =$ _____

这些除法题有助于练习3的乘法表和4的乘法表。

$20 \div 4 =$ _____ $33 \div 3 =$ _____ $16 \div 4 =$ _____

$24 \div 4 =$ _____ $27 \div 3 =$ _____ $30 \div 3 =$ _____

$12 \div 3 =$ _____ $18 \div 3 =$ _____ $28 \div 4 =$ _____

$24 \div 3 =$ _____ $48 \div 4 =$ _____ $21 \div 3 =$ _____

36里有多少个4? _____   27除以3等于几? _____

28除以4等于几? _____   21里有多少个3? _____

35里有多少个5? _____   40除以5等于几? _____

15除以3等于几? _____   48里有多少个8? _____

用乘法表做除法②

完成下面的除法题。

$44 \div 4 =$	$14 \div 2 =$	$32 \div 4 =$
$25 \div 5 =$	$21 \div 3 =$	$16 \div 4 =$
$24 \div 4 =$	$28 \div 4 =$	$12 \div 2 =$
$45 \div 5 =$	$60 \div 5 =$	$12 \div 3 =$
$10 \div 2 =$	$40 \div 10 =$	$12 \div 4 =$
$20 \div 10 =$	$20 \div 2 =$	$20 \div 2 =$
$6 \div 2 =$	$18 \div 3 =$	$20 \div 4 =$
$24 \div 3 =$	$32 \div 4 =$	$20 \div 5 =$
$30 \div 5 =$	$40 \div 5 =$	$20 \div 10 =$
$36 \div 3 =$	$33 \div 3 =$	$18 \div 2 =$
$40 \div 5 =$	$6 \div 2 =$	$18 \div 3 =$
$21 \div 3 =$	$15 \div 3 =$	$15 \div 3 =$
$14 \div 2 =$	$24 \div 4 =$	$15 \div 5 =$
$27 \div 3 =$	$15 \div 5 =$	$24 \div 3 =$
$48 \div 4 =$	$10 \div 10 =$	$24 \div 2 =$
$15 \div 5 =$	$4 \div 2 =$	$50 \div 5 =$
$15 \div 3 =$	$9 \div 3 =$	$55 \div 5 =$
$20 \div 5 =$	$4 \div 4 =$	$30 \div 3 =$
$20 \div 4 =$	$10 \div 5 =$	$30 \div 5 =$
$16 \div 2 =$	$110 \div 10 =$	$30 \div 10 =$

用乘法表做除法 ③

此页将通过除以2，3，4，5，6，10，11和12的练习题来帮助你记住相应的乘法表。

$$30 \div 6 = \quad 5$$

$$12 \div 6 = \quad 2$$

$$66 \div 11 = \quad 6$$

完成下面的除法题。

18 ÷ 6 =	27 ÷ 3 =	48 ÷ 6 =
30 ÷ 10 =	18 ÷ 6 =	35 ÷ 5 =
14 ÷ 2 =	22 ÷ 2 =	36 ÷ 4 =
18 ÷ 3 =	24 ÷ 6 =	24 ÷ 3 =
20 ÷ 4 =	24 ÷ 3 =	20 ÷ 2 =
15 ÷ 5 =	24 ÷ 4 =	33 ÷ 3 =
36 ÷ 6 =	30 ÷ 10 =	25 ÷ 5 =
55 ÷ 5 =	18 ÷ 2 =	32 ÷ 4 =
48 ÷ 4 =	18 ÷ 3 =	24 ÷ 2 =
15 ÷ 3 =	36 ÷ 4 =	16 ÷ 2 =
16 ÷ 4 =	36 ÷ 6 =	42 ÷ 6 =
25 ÷ 5 =	40 ÷ 5 =	5 ÷ 5 =
6 ÷ 6 =	120 ÷ 10 =	4 ÷ 4 =
10 ÷ 10 =	16 ÷ 4 =	28 ÷ 4 =
42 ÷ 6 =	12 ÷ 6 =	14 ÷ 2 =
24 ÷ 4 =	48 ÷ 12 =	24 ÷ 6 =
54 ÷ 6 =	54 ÷ 6 =	18 ÷ 6 =
99 ÷ 11 =	60 ÷ 6 =	54 ÷ 6 =
30 ÷ 6 =	66 ÷ 6 =	60 ÷ 6 =
30 ÷ 5 =	30 ÷ 6 =	40 ÷ 5 =

用乘法表做除法④

此页将通过除以2，3，4，5，6和7的练习题来帮助你记住相应的乘法表。

$14 \div 7 =$ 2 $28 \div 7 =$ 4 $84 \div 7 =$ 12

完成下面的除法题。

$21 \div 7 =$	$77 \div 7 =$	$84 \div 7 =$
$35 \div 5 =$	$28 \div 7 =$	$35 \div 5 =$
$14 \div 2 =$	$24 \div 6 =$	$35 \div 7 =$
$18 \div 6 =$	$24 \div 4 =$	$24 \div 6 =$
$20 \div 5 =$	$24 \div 2 =$	$21 \div 3 =$
$15 \div 3 =$	$21 \div 7 =$	$70 \div 7 =$
$36 \div 4 =$	$42 \div 7 =$	$42 \div 7 =$
$55 \div 5 =$	$18 \div 3 =$	$32 \div 4 =$
$18 \div 2 =$	$49 \div 7 =$	$27 \div 3 =$
$15 \div 5 =$	$36 \div 4 =$	$16 \div 4 =$
$48 \div 4 =$	$36 \div 3 =$	$42 \div 6 =$
$25 \div 5 =$	$40 \div 5 =$	$45 \div 5 =$
$7 \div 7 =$	$70 \div 7 =$	$84 \div 7 =$
$63 \div 7 =$	$24 \div 3 =$	$24 \div 3 =$
$42 \div 7 =$	$42 \div 6 =$	$14 \div 7 =$
$24 \div 2 =$	$48 \div 6 =$	$24 \div 4 =$
$54 \div 6 =$	$54 \div 6 =$	$18 \div 3 =$
$28 \div 7 =$	$60 \div 6 =$	$56 \div 7 =$
$30 \div 6 =$	$66 \div 6 =$	$63 \div 7 =$
$35 \div 7 =$	$25 \div 5 =$	$48 \div 6 =$

用乘法表做除法⑤

此页将通过除以2，3，4，5，6，7，8和9的练习题来帮助你记住相应的乘法表。

16 ÷ 8 = 　2　　　　　35 ÷ 7 = 　5　　　　　27 ÷ 9 = 　3

完成下面的除法题。

42 ÷ 6 =	81 ÷ 9 =	56 ÷ 7 =
32 ÷ 8 =	56 ÷ 7 =	45 ÷ 5 =
14 ÷ 7 =	63 ÷ 7 =	35 ÷ 7 =
48 ÷ 4 =	24 ÷ 6 =	18 ÷ 9 =
63 ÷ 7 =	22 ÷ 2 =	21 ÷ 3 =
72 ÷ 9 =	72 ÷ 9 =	28 ÷ 7 =
72 ÷ 8 =	42 ÷ 6 =	60 ÷ 5 =
56 ÷ 7 =	108 ÷ 9 =	32 ÷ 8 =
18 ÷ 6 =	14 ÷ 7 =	27 ÷ 9 =
81 ÷ 9 =	36 ÷ 4 =	16 ÷ 8 =
63 ÷ 9 =	36 ÷ 6 =	72 ÷ 6 =
45 ÷ 5 =	48 ÷ 8 =	45 ÷ 9 =
54 ÷ 9 =	21 ÷ 7 =	40 ÷ 4 =
70 ÷ 7 =	24 ÷ 3 =	24 ÷ 8 =
42 ÷ 7 =	40 ÷ 8 =	63 ÷ 7 =
30 ÷ 5 =	45 ÷ 9 =	24 ÷ 6 =
54 ÷ 6 =	54 ÷ 6 =	18 ÷ 6 =
56 ÷ 8 =	99 ÷ 9 =	96 ÷ 8 =
66 ÷ 6 =	63 ÷ 9 =	99 ÷ 9 =
35 ÷ 7 =	50 ÷ 5 =	48 ÷ 8 =

乘法表格练习题①

这是一个乘法表格。

×	3	4	5
7	21	28	35
8	24	32	40

完成下面的乘法表格。

×	1	3	5	7	9
2					
3					

×	4	6
6		
7		
8		

×	6	7	8	9	11
3					
4					
5					

×	10	7	8	4
3				
5				
7				

×	6	2	4	12
5				
10				

×	8	7	9	6
9				
7				

166

乘法表格练习题②

完成下面的乘法表格。

×	2	4	6
5			
7			

×	11	3	9	2
5				
6				
7				

×	2	3	4	5
8				
9				

×	10	9	8	7
6				
5				
4				

×	3	12
2		
3		
4		
5		
6		
7		

×	2	4	6	8
1				
3				
5				
7				
9				
0				

乘法表格练习题③

完成下面的乘法表格。

×	8	9
7		
8		

×	9	8	7	6	5	4
9						
8						
7						

×	2	5	9
4			
7			
8			

×	2	3	4	5	7
4					
6					
8					

×	3	5	12
2			
8			
6			
0			
4			
7			

×	8	7	11	6
7				
9				
0				
10				
8				
6				

速度测验⑦

这是本章的最后一个测验。

27 ÷ 3 =	4 × 9 =	14 ÷ 2 =
7 × 9 =	18 ÷ 2 =	9 × 9 =
64 ÷ 8 =	6 × 8 =	15 ÷ 3 =
90 ÷ 10 =	21 ÷ 3 =	8 × 12 =
6 × 8 =	9 × 7 =	24 ÷ 3 =
45 ÷ 9 =	32 ÷ 4 =	7 × 8 =
3 × 12 =	4 × 11 =	30 ÷ 5 =
9 × 5 =	45 ÷ 5 =	6 × 6 =
48 ÷ 6 =	8 × 5 =	42 ÷ 6 =
7 × 7 =	42 ÷ 6 =	9 × 12 =
3 × 11 =	7 × 4 =	49 ÷ 7 =
56 ÷ 8 =	35 ÷ 7 =	8 × 6 =
36 ÷ 4 =	9 × 3 =	72 ÷ 8 =
24 ÷ 3 =	24 ÷ 8 =	9 × 7 =
36 ÷ 9 =	8 × 2 =	54 ÷ 9 =
6 × 7 =	36 ÷ 9 =	7 × 6 =
4 × 4 =	6 × 12 =	10 ÷ 10 =
32 ÷ 8 =	80 ÷ 10 =	7 × 11 =
49 ÷ 7 =	11 × 9 =	16 ÷ 8 =
25 ÷ 5 =	16 ÷ 2 =	7 × 9 =
56 ÷ 7 =	54 ÷ 9 =	63 ÷ 7 =

答 案

第170—177页是本章所有练习题的答案，请家长对照答案来批改孩子的作业。

速度测验①

用最快的速度写出答案。

4 × 10 = 40	8 × 2 = 16	6 × 5 = 30

用最快的速度写出答案。

3 × 2 = 6	0 × 5 = 0	3 × 10 = 30	0 × 3 = 0
5 × 2 = 10	10 × 5 = 50	5 × 10 = 50	10 × 3 = 30
1 × 2 = 2	8 × 5 = 40	1 × 10 = 10	8 × 3 = 24
4 × 2 = 8	6 × 5 = 30	4 × 10 = 40	6 × 3 = 18
12 × 2 = 24	2 × 5 = 10	7 × 10 = 70	2 × 3 = 6
7 × 2 = 14	7 × 5 = 35	2 × 10 = 20	7 × 3 = 21
6 × 2 = 12	4 × 5 = 20	6 × 10 = 60	4 × 3 = 12
8 × 2 = 16	1 × 5 = 5	8 × 10 = 80	1 × 3 = 3
10 × 2 = 20	5 × 5 = 25	11 × 10 = 110	5 × 3 = 15
0 × 2 = 0	3 × 5 = 15	0 × 10 = 0	3 × 3 = 9
9 × 2 = 18	3 × 5 = 15	9 × 10 = 90	6 × 4 = 24
2 × 7 = 14	8 × 5 = 40	7 × 10 = 70	3 × 4 = 12
2 × 11 = 22	6 × 5 = 30	1 × 10 = 10	7 × 12 = 84
2 × 4 = 8	9 × 5 = 45	10 × 4 = 40	4 × 4 = 16
3 × 7 = 21	7 × 5 = 35	10 × 7 = 70	10 × 4 = 40
2 × 5 = 10	11 × 4 = 44	10 × 12 = 120	8 × 4 = 32
2 × 9 = 18	5 × 1 = 5	10 × 9 = 90	0 × 4 = 0
2 × 6 = 12	4 × 7 = 28	10 × 6 = 60	9 × 4 = 36
2 × 8 = 16	5 × 11 = 55	10 × 8 = 80	5 × 4 = 20
12 × 2 = 36	5 × 2 = 10	10 × 3 = 30	2 × 4 = 8

3的乘法练习①

你需要事先掌握这些：

1 × 3 = 3   2 × 3 = 6   3 × 3 = 9   4 × 3 = 12   5 × 3 = 15   10 × 3 = 30

一共是多少？

每组3个，6组一共是 18   6个3等于 18   6 × 3 = 18

一共是多少？

每组3个，7组一共是 21   7个3等于 21   7 × 3 = 21

一共是多少？

每组3个，8组一共是 24   8个3等于 24   8 × 3 = 24

一共是多少？

每组3个，9组一共是 27   9个3等于 27   9 × 3 = 27

3的乘法练习②

你现在应该已经掌握了3的乘法表：

1 × 3 = 3   2 × 3 = 6   3 × 3 = 9   4 × 3 = 12   5 × 3 = 15   6 × 3 = 18
7 × 3 = 21   8 × 3 = 24   9 × 3 = 27   10 × 3 = 30   11 × 3 = 33   12 × 3 = 36
自己朗读几遍。

用一张纸盖住上面的乘法表。
用最快的速度写出答案。

2 × 3 = 6	5 × 3 = 15	6 × 3 = 18
3 × 3 = 9	7 × 3 = 21	9 × 3 = 27
4 × 3 = 12	9 × 3 = 27	4 × 3 = 12
5 × 3 = 15	4 × 3 = 12	5 × 3 = 15
6 × 3 = 18	6 × 3 = 18	3 × 7 = 21
7 × 3 = 21	8 × 3 = 24	3 × 4 = 12
8 × 3 = 24	10 × 3 = 30	2 × 3 = 6
9 × 3 = 27	11 × 3 = 33	12 × 3 = 36
10 × 3 = 30	12 × 3 = 36	3 × 9 = 27
11 × 3 = 33	2 × 3 = 6	3 × 6 = 18
3 × 2 = 6	3 × 5 = 15	3 × 5 = 15
3 × 3 = 9	3 × 7 = 21	3 × 8 = 24
3 × 4 = 12	3 × 9 = 27	7 × 3 = 21
3 × 5 = 15	3 × 4 = 12	3 × 2 = 6
3 × 6 = 18	3 × 6 = 18	3 × 11 = 33
3 × 7 = 21	3 × 8 = 24	8 × 3 = 24
3 × 8 = 24	3 × 10 = 30	3 × 10 = 30
3 × 9 = 27	3 × 1 = 3	1 × 3 = 3
3 × 10 = 30	3 × 0 = 0	3 × 3 = 9
3 × 12 = 36	3 × 2 = 6	3 × 9 = 27

4的乘法练习①

你需要事先掌握这些：
1 × 4 = 4　2 × 4 = 8　3 × 4 = 12　4 × 4 = 16　5 × 4 = 20　10 × 4 = 40

一共是多少？

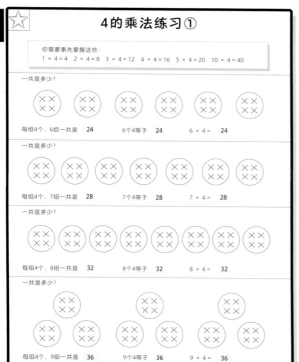

每组4个，6组一共是 24　　6个4等于 24　　6 × 4 = 24

一共是多少？

每组4个，7组一共是 28　　7个4等于 28　　7 × 4 = 28

一共是多少？

每组4个，8组一共是 32　　8个4等于 32　　8 × 4 = 32

一共是多少？

每组4个，9组一共是 36　　9个4等于 36　　9 × 4 = 36

4的乘法练习②

你现在应该已经掌握了4的乘法表
1 × 4 = 4　2 × 4 = 8　3 × 4 = 12　4 × 4 = 16　5 × 4 = 20　6 × 4 = 24
7 × 4 = 28　8 × 4 = 32　9 × 4 = 36　10 × 4 = 40　11 × 4 = 44　12 × 4 = 48
自己朗读几遍。

用一张纸盖住上面的乘法表。
用最快的速度写出答案。

2 × 4 = 8		5 × 4 = 20		6 × 4 = 24
3 × 4 = 12		7 × 4 = 28		4 × 12 = 48
4 × 4 = 16		4 × 11 = 44		4 × 1 = 4
5 × 4 = 20		3 × 4 = 12		5 × 4 = 20
6 × 4 = 24		4 × 4 = 16		4 × 7 = 28
7 × 4 = 28		8 × 4 = 32		3 × 4 = 12
8 × 4 = 32		12 × 4 = 48		2 × 4 = 8
9 × 4 = 36		4 × 4 = 4		4 × 11 = 44
10 × 4 = 40		4 × 4 = 16		3 × 4 = 12
11 × 4 = 44		2 × 4 = 8		4 × 6 = 24
4 × 2 = 8		4 × 5 = 20		4 × 5 = 20
4 × 3 = 12		4 × 7 = 28		4 × 8 = 32
4 × 4 = 16		4 × 9 = 36		7 × 4 = 28
4 × 5 = 20		4 × 4 = 16		4 × 2 = 8
4 × 6 = 24		4 × 6 = 24		4 × 12 = 48
4 × 7 = 28		11 × 4 = 44		8 × 4 = 32
4 × 8 = 32		4 × 10 = 40		4 × 11 = 44
4 × 9 = 36		4 × 12 = 48		1 × 4 = 4
4 × 10 = 40		4 × 0 = 0		4 × 4 = 16
4 × 12 = 48		4 × 2 = 8		4 × 9 = 36

速度测验②

你现在应该已经掌握了2，3，4，5和10的乘法表。你能熟练地应用它们吗？
完成这页练习题，并请别人帮你计时。
记住，你必须既要做得快，又要做得对！

4 × 2 = 8	6 × 3 = 18	9 × 5 = 45
8 × 3 = 24	3 × 4 = 12	8 × 10 = 80
7 × 4 = 28	7 × 5 = 35	11 × 2 = 22
6 × 5 = 30	3 × 10 = 30	6 × 3 = 18
8 × 10 = 80	12 × 2 = 24	12 × 4 = 48
8 × 2 = 16	7 × 3 = 21	4 × 5 = 20
5 × 3 = 15	4 × 4 = 16	3 × 10 = 30
9 × 4 = 36	11 × 5 = 55	2 × 2 = 4
5 × 5 = 25	4 × 10 = 40	1 × 3 = 3
7 × 10 = 70	6 × 2 = 12	0 × 4 = 0
0 × 2 = 0	5 × 12 = 60	11 × 5 = 55
11 × 3 = 33	8 × 4 = 32	9 × 2 = 18
6 × 4 = 24	0 × 5 = 0	8 × 3 = 24
3 × 5 = 15	2 × 10 = 20	7 × 4 = 28
4 × 10 = 40	7 × 2 = 14	6 × 5 = 30
7 × 2 = 14	6 × 4 = 24	5 × 10 = 50
3 × 3 = 9	9 × 4 = 36	4 × 0 = 0
2 × 4 = 8	5 × 5 = 25	3 × 2 = 6
7 × 5 = 35	12 × 10 = 120	2 × 8 = 16
9 × 10 = 90	1 × 10 = 10	1 × 9 = 9

6的乘法练习①

你现在应该已经掌握了一部分6的乘法表，因为它们也是2，3，4，5和10的乘法表的一部分。
1 × 6 = 6　2 × 6 = 12　3 × 6 = 18　4 × 6 = 24　5 × 6 = 30　10 × 6 = 60
看看你能否快速并准确地应用它们。

用一张纸盖住上面的乘法表。
用最快的速度写出答案。

3个6是多少？	18	10个6是多少？	60
2个6是多少？	12	4个6是多少？	24
1个6是多少？	6	5个6是多少？	30

用最快的速度写出答案。

多少个6等于12？	2	多少个6等于6？	1
多少个6等于30？	5	多少个6等于18？	3
多少个6等于24？	4	多少个6等于60？	10

用最快的速度写出答案。

3乘6等于	18	10乘6等于	60
2乘6等于	12	5乘6等于	30
1乘6等于	6	4乘6等于	24

用最快的速度写出答案。

4 × 6 = 24		2 × 6 = 12		10 × 6 = 60
5 × 6 = 30		1 × 6 = 6		3 × 6 = 18

用最快的速度写出答案。

一盒鸡蛋有6个，一个人买了5盒鸡蛋。那么他一共买了多少个鸡蛋？ 30

一包口香糖有6块，10包口香糖一共有多少块？ 60

6的乘法练习②

现在你只需要掌握这些：
6 × 6 = 36   7 × 6 = 42   8 × 6 = 48   9 × 6 = 54   11 × 6 = 66   12 × 6 = 72

下面的练习将帮助你记住上面的乘法表。

将下面的数列补充完整：

| 6 | 12 | 18 | 24 | 30 | 36 | 42 | 48 | 54 | 60 |

5 × 6 = 30   所以 6 × 6 = 30 + 6 =   36

| 18 | 24 | 30 | 36 | 42 | 48 | 54 | 60 |

6 × 6 = 36   所以 7 × 6 = 36 + 6 =   42

| 6 | 12 | 18 | 24 | 30 | 36 | 42 | 48 | 54 | 60 |

7 × 6 = 42   所以 8 × 6 = 42 + 6 =   48

| 6 | 12 | 18 | 24 | 30 | 36 | 42 | 48 | 54 | 60 |

8 × 6 = 48   所以 9 × 6 = 48 + 6 =   54

| 6 | 12 | 18 | 24 | 30 | 36 | 42 | 48 | 54 | 60 |

用一张纸盖住上面。

| 6个6是多少？ | 36 | 7个6是多少？ | 42 |
| 12个6是多少？ | 72 | 11个6是多少？ | 66 |

| 12 × 6 = | 72 | 7 × 6 = | 42 | 6 × 6 = | 36 | 11 × 6 = | 66 |

6的乘法练习③

你现在应该已经掌握了6的乘法表。你能熟练地应用它们吗？
完成这页练习题，并请别人帮你计时。
记住，你必须既要做得快，又要做得对！

1 × 6 =	6	6 × 10 =	60	11 × 6 =	66
2 × 6 =	12	12 × 6 =	72	3 × 6 =	18
3 × 6 =	18	4 × 6 =	24	9 × 6 =	54
4 × 6 =	24	6 × 6 =	36	6 × 4 =	24
5 × 6 =	30	8 × 6 =	48	1 × 6 =	6
6 × 6 =	36	11 × 6 =	66	6 × 2 =	12
7 × 6 =	42	3 × 6 =	18	6 × 8 =	48
8 × 6 =	48	5 × 6 =	30	0 × 6 =	0
9 × 6 =	54	7 × 6 =	42	6 × 3 =	18
10 × 6 =	60	9 × 6 =	54	12 × 6 =	72
11 × 6 =	66	3 × 6 =	18	6 × 7 =	42
12 × 6 =	72	5 × 6 =	30	2 × 6 =	12
6 × 2 =	12	7 × 6 =	42	6 × 11 =	66
6 × 3 =	18	9 × 6 =	54	4 × 6 =	24
6 × 4 =	24	6 × 12 =	72	8 × 6 =	48
6 × 5 =	30	4 × 6 =	24	10 × 6 =	60
6 × 6 =	36	6 × 6 =	36	6 × 5 =	30
6 × 7 =	42	6 × 8 =	48	6 × 0 =	0
6 × 8 =	48	6 × 10 =	60	6 × 1 =	6
6 × 9 =	54	6 × 0 =	0	11 × 6 =	66

速度测验③

你现在应该已经掌握了2, 3, 4, 5, 6和10的乘法表。你能熟练地应用它们吗？
完成这页练习题，并请别人帮你计时。
记住，你必须既要做得快，又要做得对！

4 × 6 =	24	6 × 3 =	18	9 × 6 =	54
5 × 3 =	15	8 × 6 =	48	8 × 6 =	48
7 × 3 =	21	6 × 6 =	36	7 × 3 =	21
6 × 5 =	30	3 × 12 =	36	11 × 2 =	22
6 × 11 =	66	6 × 2 =	12	5 × 4 =	20
8 × 2 =	16	7 × 3 =	21	4 × 6 =	24
5 × 3 =	15	4 × 6 =	24	6 × 3 =	18
9 × 6 =	54	5 × 6 =	30	2 × 6 =	12
5 × 5 =	25	6 × 10 =	60	6 × 3 =	18
7 × 6 =	42	6 × 2 =	12	0 × 6 =	0
0 × 2 =	0	5 × 3 =	15	11 × 5 =	55
6 × 3 =	18	8 × 4 =	32	6 × 2 =	12
6 × 6 =	36	0 × 6 =	0	8 × 3 =	24
3 × 5 =	15	5 × 10 =	50	6 × 7 =	42
4 × 11 =	44	7 × 6 =	42	5 × 6 =	30
7 × 10 =	70	8 × 3 =	24	12 × 6 =	72
3 × 6 =	18	9 × 6 =	54	6 × 0 =	0
2 × 4 =	8	5 × 12 =	60	3 × 11 =	33
6 × 9 =	54	7 × 10 =	70	2 × 8 =	16
9 × 10 =	90	5 × 6 =	30	12 × 2 =	24

7的乘法练习①

你现在应该已经掌握了一部分7的乘法表，因为它们也是2, 3, 4, 5, 6和10的乘法的一部分。
1 × 7 = 7   2 × 7 = 14   3 × 7 = 21   4 × 7 = 28
5 × 7 = 35   6 × 7 = 42   10 × 7 = 70
看看你能否快速并准确地应用它们。

用一张纸盖住上面的乘法表。
用最快的速度写出答案。

3个7是多少？	21	10个7是多少？	70
2个7是多少？	14	4个7是多少？	28
6个7是多少？	42	5个7是多少？	35

用最快的速度写出答案。

多少个7等于14？	2	多少个7等于42？	6
多少个7等于35？	5	多少个7等于21？	3
多少个7等于28？	4	多少个7等于70？	10

用最快的速度写出答案。

3乘7等于	21	10乘7等于	70
2乘7等于	14	5乘7等于	35
6乘7等于	42	4乘7等于	28

用最快的速度写出答案。

| 4 × 7 = | 28 | 2 × 7 = | 14 | 10 × 7 = | 70 |
| 5 × 7 = | 35 | 1 × 7 = | 7 | 3 × 7 = | 21 |

用最快的速度写出答案。

一包糖果有7颗，安买了5包。那么她一共有多少颗糖果？   35

6个星期一共有多少天？   42

7的乘法练习②

现在你只需要掌握这些：
7 × 7 = 49 8 × 7 = 56 9 × 7 = 63 11 × 7 = 77 12 × 7 = 84

下面的练习将帮助你记住上面的乘法表。

将下面的数列补充完整：

| 7 | 14 | 21 | 28 | 35 | 42 | 49 | 56 | 63 | 70 |

6 × 7 = 42   所以7 × 7 = 42 + 7 = **49**

| 21 | 28 | 35 | **42** | **49** | **56** | **63** | **70** |

7 × 7 = 49   所以8 × 7 = 49 + 7 = **56**

| 7 | 14 | 21 | **28** | **35** | **42** | 49 | 56 | 63 | 70 |

8 × 7 = 56   所以9 × 7 = 56 + 7 = **63**

| 7 | 14 | 21 | 28 | 35 | **42** | 49 | 56 | 63 | 70 |

用一张纸盖住上面。

7个7是多少？ **49**   8个7是多少？ **56**

12个7是多少？ **84**   11个7是多少？ **77**

8 × 7 = **56**   7 × 7 = **49**   12 × 7 = **84**   11 × 7 = **77**

8个星期一共有多少天？ **56**

一包笔有7支，9包笔一共有多少支？ **63**

多少个7等于56？ **8**

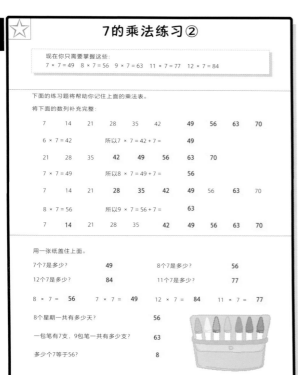

7的乘法练习③

你现在应该已经掌握了7的乘法表。你能熟练地应用它们吗？
完成这页练习题，并请别人帮你计时。
记住，你必须既要做得快，又要做得对！

1 × 7 = **7**	7 × 10 = **70**	7 × 6 = **42**
2 × 7 = **14**	2 × 7 = **14**	3 × 7 = **21**
3 × 7 = **21**	4 × 7 = **28**	9 × 7 = **63**
4 × 7 = **28**	6 × 7 = **42**	7 × 4 = **28**
5 × 7 = **35**	8 × 7 = **56**	1 × 7 = **7**
6 × 7 = **42**	1 × 7 = **7**	7 × 2 = **14**
7 × 7 = **49**	3 × 7 = **21**	7 × 8 = **56**
8 × 7 = **56**	5 × 7 = **35**	0 × 7 = **0**
9 × 7 = **63**	11 × 7 = **77**	7 × 11 = **77**
10 × 7 = **70**	9 × 7 = **63**	5 × 7 = **35**
11 × 7 = **77**	7 × 3 = **21**	7 × 7 = **49**
12 × 7 = **84**	7 × 5 = **35**	2 × 7 = **14**
7 × 2 = **14**	7 × 7 = **49**	7 × 9 = **63**
7 × 3 = **21**	7 × 9 = **63**	4 × 7 = **28**
7 × 4 = **28**	7 × 12 = **84**	8 × 7 = **56**
7 × 5 = **35**	7 × 4 = **28**	10 × 7 = **70**
7 × 6 = **42**	7 × 6 = **42**	7 × 5 = **35**
7 × 7 = **49**	7 × 8 = **56**	7 × 0 = **0**
7 × 8 = **56**	7 × 11 = **77**	7 × 12 = **84**
7 × 9 = **63**	7 × 0 = **0**	6 × 7 = **42**

速度测验④

你现在应该已经掌握了2，3，4，5，6，7和10的乘法表。你能熟练地应用它们吗？
完成这页练习题，请别人帮你计时。
记住，你必须既要做得快，又要做得对！

4 × 7 = **28**	7 × 3 = **21**	9 × 7 = **63**
5 × 10 = **50**	7 × 11 = **56**	7 × 6 = **42**
7 × 5 = **35**	6 × 6 = **36**	8 × 3 = **24**
6 × 5 = **30**	5 × 12 = **60**	6 × 6 = **36**
6 × 11 = **66**	6 × 3 = **18**	7 × 4 = **28**
8 × 7 = **56**	5 × 7 = **35**	6 × 4 = **24**
8 × 5 = **40**	6 × 4 = **24**	3 × 7 = **21**
9 × 6 = **54**	5 × 6 = **30**	2 × 8 = **16**
7 × 5 = **35**	7 × 11 = **77**	3 × 7 = **21**
7 × 6 = **42**	6 × 7 = **42**	0 × 7 = **0**
0 × 5 = **0**	5 × 7 = **35**	11 × 4 = **44**
6 × 3 = **18**	8 × 4 = **32**	6 × 2 = **12**
6 × 7 = **42**	7 × 0 = **0**	8 × 7 = **56**
3 × 5 = **15**	5 × 8 = **40**	7 × 7 = **49**
4 × 7 = **28**	7 × 6 = **42**	6 × 5 = **30**
7 × 12 = **84**	8 × 3 = **24**	5 × 11 = **55**
7 × 8 = **56**	9 × 6 = **54**	7 × 0 = **0**
2 × 7 = **14**	7 × 7 = **49**	3 × 12 = **36**
4 × 9 = **36**	2 × 11 = **22**	2 × 7 = **14**
9 × 10 = **90**	5 × 6 = **30**	7 × 8 = **56**

8的乘法练习①

你现在应该已经掌握了一部分8的乘法表，因为它们也是2，3，4，5，6，7和10的乘法表的一部分。
1 × 8 = 8   2 × 8 = 16   3 × 8 = 24   4 × 8 = 32
5 × 8 = 40   6 × 8 = 48   7 × 8 = 56   10 × 8 = 80
看看你能否快速并准确地应用它们。

用一张纸盖住上面的乘法表。
用最快的速度写出答案。

3个8是多少？ **24**   10个8是多少？ **80**

2个8是多少？ **16**   4个8是多少？ **32**

6个8是多少？ **48**   5个8是多少？ **40**

用最快的速度写出答案。

多少个8等于16？ **2**   多少个8等于40？ **5**

多少个8等于32？ **4**   多少个8等于24？ **3**

多少个8等于56？ **7**   多少个8等于48？ **6**

用最快的速度写出答案。

3乘8等于 **24**   10乘8等于 **80**

2乘8等于 **16**   5乘8等于 **40**

6乘8等于 **48**   4乘8等于 **32**

用最快的速度写出答案。

6 × 8 = **48**   2 × 8 = **16**   10 × 8 = **80**

5 × 8 = **40**   7 × 8 = **56**   3 × 8 = **24**

用最快的速度写出答案。
一个比萨饼有8块，约翰买了6个比萨饼。
那么他一共有多少块比萨饼？ **48**
什么数乘8等于56？ **7**

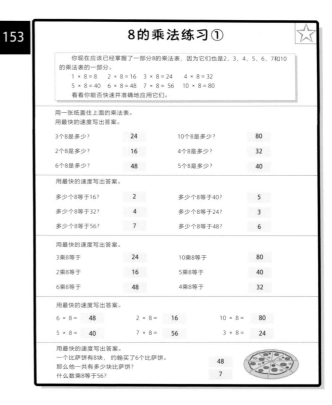

154 — 8的乘法练习②

现在你只需要掌握这些：
8 × 8 = 64　9 × 8 = 72　11 × 8 = 88　12 × 8 = 96

下面的练习题将帮助你记住上面的乘法表。
将下面的数列补充完整。

| 8 | 16 | 24 | 32 | 40 | 48 | 56 | 64 | 72 | 80 |

7 × 8 = 56　　　　　所以 8 × 8 = 56 + 8 = 64

| 24 | 32 | 40 | 48 | 56 | 64 | 72 | 80 |

8 × 8 = 64　　　　　所以 9 × 8 = 64 + 8 = 72

| 8 | 16 | 24 | 32 | 40 | 48 | 56 | 64 | 72 | 80 |
| 8 | 16 | 24 | 32 | 40 | 48 | 56 | 64 | 72 | 80 |

用一张纸盖住上面。

7个8是多少？　56　　　　11个8是多少？　88

12个8是多少？　96　　　　9个8是多少？　72

11 × 8 = 88　12 × 8 = 96　9 × 8 = 72　10 × 8 = 80

什么数乘8等于72？　9

一个数乘8的答案是80。这个数是多少？　10

大卫把积木放成8块一堆。10堆一共有多少块积木？　80

什么数乘5的答案是40？　8

多少个8等于72？　9

---

155 — 8的乘法练习③

你现在应该已经掌握了8的乘法表。你能熟练地应用它们吗？
完成这页练习题，并请别人帮你计时。
记住，你必须既要做得快，又要做得对！

1 × 8 = 8	8 × 10 = 80	8 × 6 = 48
2 × 8 = 16	2 × 8 = 16	3 × 8 = 24
3 × 8 = 24	4 × 8 = 32	9 × 8 = 72
4 × 8 = 32	6 × 8 = 48	8 × 4 = 32
5 × 8 = 40	8 × 8 = 64	11 × 8 = 88
6 × 8 = 48	12 × 8 = 96	8 × 2 = 16
7 × 8 = 56	1 × 8 = 8	7 × 8 = 56
8 × 8 = 64	3 × 8 = 24	12 × 8 = 96
9 × 8 = 72	5 × 8 = 40	3 × 8 = 24
10 × 8 = 80	7 × 8 = 56	5 × 8 = 40
11 × 8 = 88	8 × 3 = 24	8 × 8 = 64
12 × 8 = 96	5 × 8 = 40	2 × 8 = 16
8 × 2 = 16	8 × 8 = 64	8 × 9 = 72
8 × 3 = 24	8 × 9 = 72	4 × 8 = 32
8 × 4 = 32	8 × 11 = 88	8 × 7 = 56
8 × 5 = 40	8 × 4 = 32	10 × 8 = 80
8 × 6 = 48	2 × 8 = 48	8 × 12 = 96
8 × 7 = 56	8 × 8 = 64	8 × 0 = 0
8 × 8 = 64	8 × 10 = 80	8 × 11 = 88
8 × 9 = 72	8 × 0 = 0	12 × 8 = 96

---

156 — 速度测验⑤

你现在应该学会了2，3，4，5，6，7，8和10的乘法表。你能熟练地应用它们吗？
完成这页练习题，并请别人帮你计时。
记住，你必须既要做得快，又要做得对！

4 × 8 = 32	7 × 8 = 56	9 × 8 = 72
5 × 11 = 55	8 × 7 = 56	7 × 6 = 42
7 × 8 = 56	6 × 8 = 48	8 × 3 = 24
8 × 5 = 40	8 × 11 = 88	8 × 8 = 64
6 × 11 = 66	6 × 3 = 18	7 × 4 = 28
8 × 7 = 56	7 × 7 = 49	0 × 7 = 0
5 × 8 = 40	5 × 6 = 30	3 × 7 = 21
9 × 8 = 72	6 × 7 = 42	8 × 2 = 16
8 × 8 = 64	7 × 12 = 84	7 × 3 = 21
7 × 6 = 42	6 × 9 = 54	0 × 8 = 0
7 × 5 = 35	5 × 8 = 40	12 × 8 = 96
8 × 4 = 32	8 × 4 = 32	6 × 2 = 12
6 × 7 = 42	0 × 8 = 0	6 × 8 = 48
5 × 7 = 35	5 × 9 = 45	7 × 8 = 56
5 × 4 = 20	7 × 6 = 42	6 × 5 = 30
7 × 11 = 77	8 × 3 = 24	8 × 10 = 80
2 × 8 = 16	9 × 6 = 54	8 × 7 = 56
4 × 7 = 28	4 × 12 = 48	5 × 12 = 60
6 × 9 = 54	9 × 10 = 90	8 × 2 = 16
9 × 10 = 90	6 × 6 = 36	8 × 9 = 72

---

157 — 9的乘法练习①

你现在应该已经掌握了一部分9的乘法表，因为它们也是2，3，4，5，6，7，8和10的乘法的一部分。
1 × 9 = 9　　2 × 9 = 18　　3 × 9 = 27　　4 × 9 = 36　　5 × 9 = 45
6 × 9 = 54　　7 × 9 = 63　　8 × 9 = 72　　10 × 9 = 90
看看你能否快速并准确地应用它们。

用一张纸盖住上面的乘法表。
用最快的速度写出答案。

3个9是多少？　27　　　　10个9是多少？　90

2个9是多少？　18　　　　4个9是多少？　36

6个9是多少？　54　　　　5个9是多少？　45

7个9是多少？　63　　　　8个9是多少？　72

用最快的速度写出答案。

多少个9等于18？　2　　　　多少个9等于54？　6

多少个9等于90？　10　　　多少个9等于27？　3

多少个9等于72？　8　　　　多少个9等于36？　4

多少个9等于45？　5　　　　多少个9等于63？　7

用最快的速度写出答案。

7乘9等于　63　　　　10乘9等于　90

2乘9等于　18　　　　5乘9等于　45

6乘9等于　54　　　　4乘9等于　36

3乘9等于　27　　　　8乘9等于　72

用最快的速度写出答案。

6 × 9 = 54	2 × 9 = 18	10 × 9 = 90
5 × 9 = 45	3 × 9 = 27	8 × 9 = 72
0 × 9 = 0	7 × 9 = 63	4 × 9 = 36

9的乘法练习②

现在你只需要掌握这些：
9 × 9 = 81   9 × 11 = 99   9 × 12 = 108

下面的练习题将帮助你记住上面的乘法表。
将下面的数列补充完整。

9	18	27	36	45	54	63	72	81	90

8 × 9 = 72   所以9 × 9 = 72 + 9 = 81

45	54	63	72	81	90	99	108

9	18	27	36	45	54	63	72	81	90
9	18	27	36	45	54	63	72	81	90

在下面9的乘法表中寻找规律。

1 × 9 = 09
2 × 9 = 18
3 × 9 = 27
4 × 9 = 36
5 × 9 = 45
6 × 9 = 54
7 × 9 = 63
8 × 9 = 72
9 × 9 = 81
10 × 9 = 90

写下你能看到的规律。规律不止一个哟！

每个答案中的每位数字加起来都等于9。

从上到下每个答案的十位数依次是：

0, 1, 2, 3, 4, 5, 6, 7, 8, 9。

从下到上每个答案的个位数依次是：

0, 1, 2, 3, 4, 5, 6, 7, 8, 9。

第一个和最后一个答案是互逆的（09和90），

第二个和倒数第二个答案是互逆的（18和81），依次类推。

9的乘法练习③

你现在应该已经掌握了9的乘法表。你能熟练地应用它们吗？
完成这页练习题，并请别人帮你计时。
记住，你必须要做得快，又要做得对！

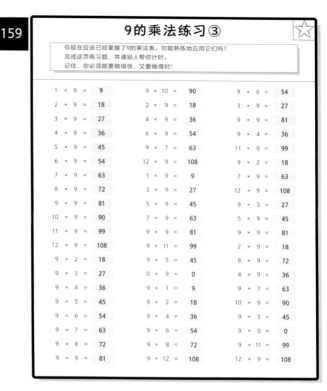

1 × 9 = 9	9 × 10 = 90	9 × 6 = 54
2 × 9 = 18	2 × 9 = 18	3 × 9 = 27
3 × 9 = 27	4 × 9 = 36	9 × 9 = 81
4 × 9 = 36	6 × 9 = 54	9 × 4 = 36
5 × 9 = 45	9 × 7 = 63	11 × 9 = 99
6 × 9 = 54	12 × 9 = 108	9 × 2 = 18
7 × 9 = 63	1 × 9 = 9	7 × 9 = 63
8 × 9 = 72	3 × 9 = 27	12 × 9 = 108
9 × 9 = 81	5 × 9 = 45	9 × 3 = 27
10 × 9 = 90	7 × 9 = 63	5 × 9 = 45
11 × 9 = 99	9 × 9 = 81	9 × 9 = 81
12 × 9 = 108	9 × 11 = 99	2 × 9 = 18
9 × 2 = 18	9 × 5 = 45	8 × 9 = 72
9 × 3 = 27	0 × 9 = 0	4 × 9 = 36
9 × 4 = 36	9 × 1 = 9	9 × 7 = 63
9 × 5 = 45	9 × 2 = 18	10 × 9 = 90
9 × 6 = 54	9 × 4 = 36	9 × 5 = 45
9 × 7 = 63	9 × 6 = 54	9 × 0 = 0
9 × 8 = 72	9 × 8 = 72	9 × 11 = 99
9 × 9 = 81	9 × 12 = 108	12 × 9 = 108

速度测验⑥

你现在已经学完了乘法表。你能熟练地应用它们吗？
完成这页练习题，并请别人帮你计时。
记住，你必须既要做得快，又要做得对！

6 × 8 = 48	4 × 8 = 32	8 × 12 = 96
9 × 12 = 108	9 × 8 = 72	7 × 9 = 63
5 × 8 = 40	6 × 6 = 36	8 × 5 = 40
7 × 5 = 35	8 × 9 = 72	8 × 7 = 56
6 × 4 = 24	6 × 4 = 24	7 × 4 = 28
8 × 8 = 64	3 × 7 = 21	4 × 9 = 36
5 × 11 = 55	5 × 9 = 45	6 × 7 = 42
9 × 8 = 72	6 × 8 = 48	4 × 6 = 24
8 × 3 = 24	7 × 7 = 49	7 × 8 = 56
7 × 7 = 49	9 × 6 = 54	9 × 6 = 54
9 × 5 = 45	7 × 8 = 56	11 × 8 = 88
4 × 8 = 32	8 × 4 = 32	6 × 5 = 30
6 × 7 = 42	0 × 9 = 0	8 × 8 = 64
2 × 9 = 18	10 × 12 = 120	7 × 6 = 42
8 × 4 = 32	7 × 6 = 42	6 × 8 = 48
7 × 12 = 84	8 × 7 = 56	9 × 10 = 90
2 × 8 = 16	9 × 6 = 54	8 × 4 = 32
4 × 7 = 28	8 × 6 = 48	7 × 11 = 77
6 × 9 = 54	11 × 9 = 99	5 × 8 = 40
9 × 9 = 81	6 × 7 = 42	8 × 9 = 72

用乘法表做除法①

利用乘法表也可以做除法。
看看下面这些例子。
3 × 6 = 18，所以18 ÷ 3 = 6，18 ÷ 6 = 3
4 × 5 = 20，所以20 ÷ 4 = 5，20 ÷ 5 = 4
9 × 11 = 99，所以99 ÷ 11 = 9，99 ÷ 9 = 11

计算下面的除法题。

3 × 8 = 24，所以24 ÷ 3 = 8 ，24 ÷ 8 = 3
4 × 7 = 28，所以28 ÷ 4 = 7 ，28 ÷ 7 = 4
3 × 5 = 15，所以15 ÷ 3 = 5 ，15 ÷ 5 = 3
4 × 3 = 12，所以12 ÷ 3 = 4 ，12 ÷ 4 = 3
3 × 11 = 33，所以33 ÷ 3 = 11 ，33 ÷ 11 = 3
4 × 8 = 32，所以32 ÷ 4 = 8 ，32 ÷ 8 = 4
3 × 9 = 27，所以27 ÷ 3 = 9 ，27 ÷ 9 = 3
4 × 12 = 48，所以48 ÷ 4 = 12 ，48 ÷ 12 = 4

这些除法题有助于练习3的乘法表和4的乘法表。

20 ÷ 4 = 5	33 ÷ 3 = 11	16 ÷ 4 = 4
24 ÷ 4 = 6	27 ÷ 3 = 9	30 ÷ 3 = 10
12 ÷ 3 = 4	18 ÷ 3 = 6	28 ÷ 4 = 7
24 ÷ 3 = 8	48 ÷ 4 = 12	21 ÷ 3 = 7

36里有多少个4？	9	27除以3等于几？	9
28除以4等于几？	7	21里有多少个3？	7
35里有多少个5？	7	40除以5等于几？	8
15除以3等于几？	5	48里有多少个8？	6

用乘法表做除法②

此页将通过除以2、3、4、5和10的练习题来帮助你记住相应的乘法表。

$20 ÷ 5 = 4$　　　$18 ÷ 3 = 6$　　　$60 ÷ 5 = 12$

完成下面的除法题。

$44 ÷ 4 = 11$	$14 ÷ 2 = 7$	$32 ÷ 4 = 8$
$25 ÷ 5 = 5$	$21 ÷ 3 = 7$	$16 ÷ 4 = 4$
$24 ÷ 4 = 6$	$28 ÷ 4 = 7$	$12 ÷ 2 = 6$
$45 ÷ 5 = 9$	$60 ÷ 5 = 12$	$12 ÷ 3 = 4$
$10 ÷ 2 = 5$	$40 ÷ 10 = 4$	$12 ÷ 4 = 3$
$20 ÷ 10 = 2$	$20 ÷ 2 = 10$	$20 ÷ 2 = 10$
$6 ÷ 2 = 3$	$18 ÷ 3 = 6$	$20 ÷ 4 = 5$
$24 ÷ 3 = 8$	$32 ÷ 4 = 8$	$20 ÷ 5 = 4$
$30 ÷ 5 = 6$	$40 ÷ 5 = 8$	$20 ÷ 10 = 2$
$36 ÷ 3 = 12$	$33 ÷ 3 = 11$	$18 ÷ 2 = 9$
$40 ÷ 5 = 8$	$6 ÷ 2 = 3$	$18 ÷ 3 = 6$
$21 ÷ 3 = 7$	$15 ÷ 3 = 5$	$15 ÷ 3 = 5$
$14 ÷ 2 = 7$	$24 ÷ 4 = 6$	$15 ÷ 5 = 3$
$27 ÷ 3 = 9$	$15 ÷ 3 = 5$	$24 ÷ 3 = 8$
$48 ÷ 4 = 12$	$10 ÷ 10 = 1$	$24 ÷ 2 = 12$
$15 ÷ 5 = 3$	$4 ÷ 2 = 2$	$50 ÷ 5 = 10$
$15 ÷ 5 = 3$	$9 ÷ 3 = 3$	$55 ÷ 5 = 11$
$20 ÷ 5 = 4$	$4 ÷ 4 = 1$	$30 ÷ 3 = 10$
$20 ÷ 4 = 5$	$10 ÷ 5 = 2$	$30 ÷ 5 = 6$
$16 ÷ 2 = 8$	$110 ÷ 10 = 11$	$30 ÷ 10 = 3$

用乘法表做除法③

此页将通过除以2、3、4、5、6、10、11和12的练习题来帮助你记住相应的乘法表。

$30 ÷ 6 = 5$　　　$12 ÷ 6 = 2$　　　$66 ÷ 11 = 6$

完成下面的除法题。

$18 ÷ 6 = 3$	$27 ÷ 3 = 9$	$48 ÷ 6 = 8$
$30 ÷ 10 = 3$	$18 ÷ 6 = 3$	$35 ÷ 5 = 7$
$14 ÷ 2 = 7$	$22 ÷ 2 = 11$	$36 ÷ 4 = 9$
$18 ÷ 3 = 6$	$24 ÷ 6 = 4$	$24 ÷ 3 = 8$
$20 ÷ 4 = 5$	$24 ÷ 3 = 8$	$20 ÷ 2 = 10$
$15 ÷ 5 = 3$	$24 ÷ 6 = 4$	$33 ÷ 3 = 11$
$36 ÷ 6 = 6$	$30 ÷ 10 = 3$	$25 ÷ 5 = 5$
$55 ÷ 5 = 11$	$18 ÷ 2 = 9$	$32 ÷ 4 = 8$
$48 ÷ 4 = 12$	$18 ÷ 3 = 6$	$24 ÷ 2 = 12$
$15 ÷ 3 = 5$	$36 ÷ 4 = 9$	$16 ÷ 2 = 8$
$16 ÷ 4 = 4$	$36 ÷ 6 = 6$	$42 ÷ 6 = 7$
$25 ÷ 5 = 5$	$40 ÷ 5 = 8$	$5 ÷ 5 = 1$
$6 ÷ 6 = 1$	$120 ÷ 10 = 12$	$4 ÷ 4 = 1$
$10 ÷ 10 = 1$	$16 ÷ 4 = 4$	$28 ÷ 4 = 7$
$42 ÷ 6 = 7$	$12 ÷ 6 = 2$	$14 ÷ 2 = 7$
$24 ÷ 4 = 6$	$48 ÷ 12 = 4$	$24 ÷ 6 = 4$
$54 ÷ 6 = 9$	$54 ÷ 6 = 9$	$18 ÷ 6 = 3$
$99 ÷ 11 = 9$	$60 ÷ 6 = 10$	$54 ÷ 6 = 9$
$30 ÷ 6 = 5$	$66 ÷ 6 = 11$	$60 ÷ 6 = 10$
$30 ÷ 5 = 6$	$30 ÷ 6 = 5$	$40 ÷ 5 = 8$

用乘法表做除法④

此页将通过除以2、3、4、5、6和7的练习题来帮助你记住相应的乘法表。

$14 ÷ 7 = 2$　　　$28 ÷ 7 = 4$　　　$84 ÷ 7 = 12$

完成下面的除法题。

$21 ÷ 7 = 3$	$77 ÷ 7 = 11$	$84 ÷ 7 = 12$
$35 ÷ 5 = 7$	$28 ÷ 7 = 4$	$35 ÷ 5 = 7$
$14 ÷ 2 = 7$	$24 ÷ 6 = 4$	$35 ÷ 7 = 5$
$18 ÷ 6 = 3$	$24 ÷ 4 = 6$	$24 ÷ 6 = 4$
$20 ÷ 5 = 4$	$24 ÷ 2 = 12$	$21 ÷ 3 = 7$
$15 ÷ 3 = 5$	$21 ÷ 7 = 3$	$70 ÷ 7 = 10$
$36 ÷ 4 = 9$	$42 ÷ 7 = 6$	$42 ÷ 7 = 6$
$55 ÷ 5 = 11$	$18 ÷ 3 = 6$	$32 ÷ 4 = 8$
$18 ÷ 2 = 9$	$49 ÷ 7 = 7$	$27 ÷ 3 = 9$
$15 ÷ 5 = 3$	$36 ÷ 4 = 9$	$16 ÷ 4 = 4$
$48 ÷ 4 = 12$	$36 ÷ 3 = 12$	$42 ÷ 6 = 7$
$25 ÷ 5 = 5$	$40 ÷ 5 = 8$	$45 ÷ 5 = 9$
$7 ÷ 7 = 1$	$70 ÷ 7 = 10$	$84 ÷ 7 = 12$
$63 ÷ 7 = 9$	$24 ÷ 3 = 8$	$24 ÷ 3 = 8$
$42 ÷ 7 = 6$	$42 ÷ 6 = 7$	$14 ÷ 7 = 2$
$24 ÷ 2 = 12$	$48 ÷ 6 = 8$	$24 ÷ 4 = 6$
$54 ÷ 6 = 9$	$54 ÷ 6 = 9$	$18 ÷ 3 = 6$
$28 ÷ 7 = 4$	$60 ÷ 6 = 10$	$56 ÷ 7 = 8$
$30 ÷ 6 = 5$	$66 ÷ 6 = 11$	$63 ÷ 7 = 9$
$35 ÷ 7 = 5$	$25 ÷ 5 = 5$	$48 ÷ 6 = 8$

用乘法表做除法⑤

此页将通过除以2、3、4、5、6、7、8和9的练习题来帮助你记住相应的乘法表。

$16 ÷ 8 = 2$　　　$35 ÷ 7 = 5$　　　$27 ÷ 9 = 3$

完成下面的除法题。

$42 ÷ 6 = 7$	$81 ÷ 9 = 9$	$56 ÷ 7 = 8$
$32 ÷ 8 = 4$	$56 ÷ 7 = 8$	$45 ÷ 5 = 9$
$14 ÷ 7 = 2$	$63 ÷ 7 = 9$	$35 ÷ 7 = 5$
$48 ÷ 4 = 12$	$24 ÷ 6 = 4$	$18 ÷ 9 = 2$
$63 ÷ 7 = 9$	$22 ÷ 2 = 11$	$21 ÷ 3 = 7$
$72 ÷ 9 = 8$	$72 ÷ 9 = 8$	$28 ÷ 7 = 4$
$72 ÷ 8 = 9$	$42 ÷ 6 = 7$	$60 ÷ 5 = 12$
$56 ÷ 7 = 8$	$108 ÷ 9 = 12$	$32 ÷ 8 = 4$
$18 ÷ 6 = 3$	$14 ÷ 7 = 2$	$27 ÷ 9 = 3$
$81 ÷ 9 = 9$	$36 ÷ 4 = 9$	$16 ÷ 8 = 2$
$63 ÷ 9 = 7$	$36 ÷ 6 = 6$	$72 ÷ 6 = 12$
$45 ÷ 5 = 9$	$48 ÷ 8 = 6$	$45 ÷ 9 = 5$
$54 ÷ 9 = 6$	$21 ÷ 7 = 3$	$40 ÷ 4 = 10$
$70 ÷ 7 = 10$	$24 ÷ 3 = 8$	$24 ÷ 8 = 3$
$42 ÷ 7 = 6$	$40 ÷ 8 = 5$	$63 ÷ 7 = 9$
$30 ÷ 6 = 5$	$45 ÷ 9 = 5$	$24 ÷ 6 = 4$
$54 ÷ 6 = 9$	$54 ÷ 9 = 6$	$18 ÷ 6 = 3$
$56 ÷ 8 = 7$	$99 ÷ 9 = 11$	$96 ÷ 8 = 12$
$66 ÷ 6 = 11$	$63 ÷ 9 = 7$	$99 ÷ 9 = 11$
$35 ÷ 7 = 5$	$50 ÷ 5 = 10$	$48 ÷ 8 = 6$

乘法表格练习题①

这是一个乘法表格。

×	3	4	5
7	21	28	35
8	24	32	40

完成下面的乘法表格。

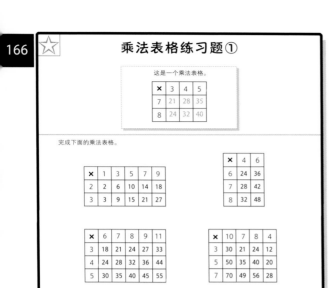

×	1	3	5	7	9
2	2	6	10	14	18
3	3	9	15	21	27

×	4	6
6	24	36
7	28	42
8	32	48

×	6	7	8	9	11
3	18	21	24	27	33
4	24	28	32	36	44
5	30	35	40	45	55

×	10	7	8	4
3	30	21	24	12
5	50	35	40	20
7	70	49	56	28

×	6	2	4	12
5	30	10	20	60
10	60	20	40	120

×	8	7	9	6
9	72	63	81	54
7	56	49	63	42

乘法表格练习题②

完成下面的乘法表格。

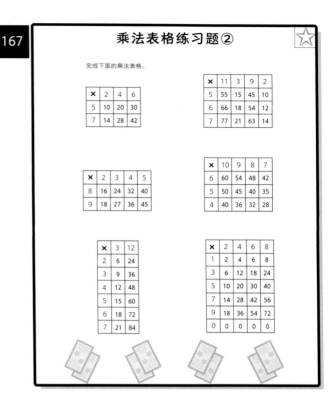

×	2	4	6
5	10	20	30
7	14	28	42

×	11	3	9	2
5	55	15	45	10
6	66	18	54	12
7	77	21	63	14

×	2	3	4	5
8	16	24	32	40
9	18	27	36	45

×	10	9	8	7
6	60	54	48	42
5	50	45	40	35
4	40	36	32	28

×	3	12
2	6	24
3	9	36
4	12	48
5	15	60
6	18	72
7	21	84

×	2	4	6	8
1	2	4	6	8
3	6	12	18	24
5	10	20	30	40
7	14	28	42	56
9	18	36	54	72
0	0	0	0	0

乘法表格练习题③

完成下面的乘法表格。

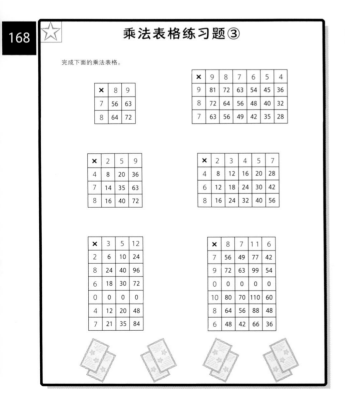

×	8	9
7	56	63
8	64	72

×	9	8	7	6	5	4
9	81	72	63	54	45	36
8	72	64	56	48	40	32
7	63	56	49	42	35	28

×	2	5	9
4	8	20	36
7	14	35	63
8	16	40	72

×	2	3	4	5	7
4	8	12	16	20	28
6	12	18	24	30	42
8	16	24	32	40	56

×	3	5	12
2	6	10	24
8	24	40	96
6	18	30	72
0	0	0	0
4	12	20	48
7	21	35	84

×	8	7	11	6
7	56	49	77	42
9	72	63	99	54
0	0	0	0	0
10	80	70	110	60
8	64	56	88	48
6	48	42	66	36

速度测验⑦

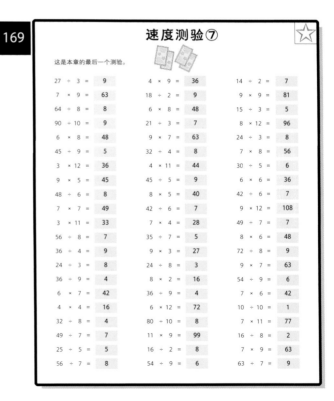

这是本章的最后一个测验。

27 ÷ 3 = 9	4 × 9 = 36	14 ÷ 2 = 7
7 × 9 = 63	18 ÷ 2 = 9	9 × 9 = 81
64 ÷ 8 = 8	6 × 8 = 48	15 ÷ 3 = 5
90 ÷ 10 = 9	21 ÷ 3 = 7	8 × 12 = 96
6 × 8 = 48	9 × 7 = 63	24 ÷ 3 = 8
45 ÷ 9 = 5	32 ÷ 4 = 8	7 × 8 = 56
3 × 12 = 36	4 × 11 = 44	30 ÷ 5 = 6
9 × 5 = 45	45 ÷ 5 = 9	6 × 6 = 36
48 ÷ 6 = 8	8 × 5 = 40	42 ÷ 6 = 7
7 × 7 = 49	42 ÷ 6 = 7	9 × 12 = 108
3 × 11 = 33	7 × 4 = 28	49 ÷ 7 = 7
56 ÷ 8 = 7	35 ÷ 7 = 5	8 × 6 = 48
36 ÷ 4 = 9	9 × 3 = 27	72 ÷ 8 = 9
24 ÷ 3 = 8	24 ÷ 8 = 3	9 × 7 = 63
36 ÷ 9 = 4	8 × 2 = 16	54 ÷ 9 = 6
6 × 7 = 42	36 ÷ 9 = 4	7 × 6 = 42
4 × 4 = 16	6 × 12 = 72	10 ÷ 10 = 1
32 ÷ 8 = 4	80 ÷ 10 = 8	7 × 11 = 77
49 ÷ 7 = 7	11 × 9 = 99	16 ÷ 8 = 2
25 ÷ 5 = 5	16 ÷ 2 = 8	7 × 9 = 63
56 ÷ 7 = 8	54 ÷ 9 = 6	63 ÷ 7 = 9

接下来你将进行一场乘除法的大挑战。
如果觉得题目有难度，不用担心，这很正常！
遇到不会的问题，你可以随时回顾前面的部分，再继续。

乘除法运算大挑战

专项挑战打卡

2个一组

成对成双不忧伤。

① 安妮有2只篮子，每只篮子里有5朵花。安妮一共有多少朵花？
补全下面的算式：

[ ] 只篮子　×　[ ] 朵花　=　[ ] 朵花

② 将下面的每个数列补充完整：

2	4	6	[ ]	[ ]	[ ]	14	[ ]	[ ]	[ ]	22	[ ]
48	46	44	[ ]	[ ]	[ ]	[ ]	[ ]	[ ]	[ ]	[ ]	26
54	56	58	[ ]	[ ]	[ ]	[ ]	[ ]	[ ]	[ ]	74	[ ]

③ 回答下列问题：

6乘2等于多少？　　　　[ ]

7的2倍是多少？　　　　[ ]

每组2个，9组一共是多少个？　[ ]

④ 剧院门票价格为每张24.50英镑。2张门票一共需要多少钱？

[　　　　] 英镑

⑤ 计算下列乘法题：

$$\begin{array}{r} 150 \\ \times\ 2 \\ \hline \end{array} \qquad \begin{array}{r} 175 \\ \times\ 2 \\ \hline \end{array} \qquad \begin{array}{r} 236 \\ \times\ 2 \\ \hline \end{array} \qquad \begin{array}{r} 348 \\ \times\ 2 \\ \hline \end{array} \qquad \begin{array}{r} 427 \\ \times\ 2 \\ \hline \end{array} \qquad \begin{array}{r} 519 \\ \times\ 2 \\ \hline \end{array}$$

⑥ 将下列每个数除以2:

76 [ ]   142 [ ]   178 [ ]

⑦ 计算下列除法题:

[ ]   [ ]   [ ]   [ ]   [ ]

$2\overline{)126}$ $2\overline{)240}$ $2\overline{)352}$ $2\overline{)684}$ $2\overline{)792}$

⑧ 法日尔和蒂拉要平分7.80英镑。他们每人能分到多少钱?

[ ] 英镑

⑨ 2个蜂巢中一共有284只蜜蜂。如果每个蜂巢中蜜蜂的数量相同,那么
1个蜂巢中有多少只蜜蜂?

[ ] 只

⑩ 下面每组图形各有多少个?

[ ] 个   [ ] 个

成双成对和加倍

不怕辛苦不怕累，
练习数对和加倍！

① 将下列每个数乘2：

25 ☐   42 ☐   70 ☐   127 ☐

② 36双袜子里一共有多少只袜子？

☐ 只

③ 一天里，工厂为350辆自行车制造了轮子，那么一共制造了多少个轮子？

☐ 个

④ 下表显示了制作12块饼干所需的食材及量。请计算制作24块饼干所需的量。
提示：24是12的两倍。

食材	12块饼干所需的量	24块饼干所需的量
面粉	350克	
鸡蛋	2个	
黄油	225克	
细砂糖	175克	
黑巧克力	350克	
红糖	175克	

消磨时间

从1—10中选中一个数，将它加倍、加倍、再加倍。如果答案是24，那么起始数是什么？邀请你的朋友用不同的起始数做同样的练习，你能算出他们用的起始数是什么吗？

5 每只长脚蚊有2只翅膀。275只长脚蚊一共有多少只翅膀？

[ ] 只

6 下表显示了商店在一个星期内出售的鲜花数量。
算出每天出售的鲜花数量（以束为单位）。

🌼 = 2 束

星期	售出的数量	总计
一	10 × 🌼	
二	8 × 🌼	
三	12 × 🌼	
四	9 × 🌼	
五	20 × 🌼	
六	14 × 🌼	
日	5 × 🌼	

7 莱恩骑自行车走了56千米，杰克所骑的路程是莱恩的两倍远。
杰克骑了多远？

[ ] 千米

8 为了给杰丹买礼物，妈妈花了84.00英镑，爸爸买礼物花的钱是妈妈的两倍。
爸爸花了多少钱？

[ ] 英镑

185

10个一组

十个一起数，
一组又一组。

① 蒂亚有7个包裹，每个包裹重10千克。7个包裹一共有多重?

┌─────────┐
│   │ 千克
└─────────┘

② 将下面的每个数列补充完整：

10　20　30　⬚　⬚　⬚　⬚　⬚　⬚　⬚

150　140　130　⬚　⬚　⬚　⬚　⬚　⬚　⬚

270　280　290　⬚　⬚　⬚　⬚　⬚　⬚　⬚

③ 回答下列问题：

10乘8等于多少?　⬚

10乘10等于多少?　⬚

9乘10等于多少?　⬚

④ 吉娜攒了35枚10便士硬币。
吉娜一共有多少钱?

┌─────────┐
│   │ 英镑
└─────────┘

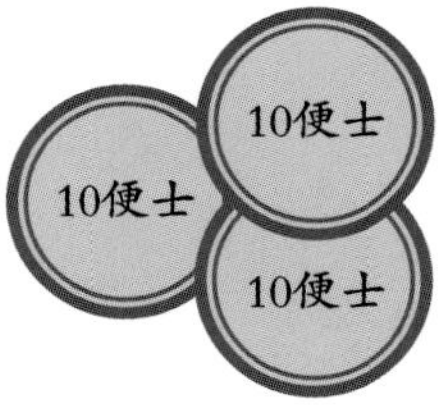

⑤ 计算下列乘法题：

436	845	152	1689	791	287
×10	×10	×10	×10	×10	×10

⑥ 将下列每个数除以10：

10 [ ]   40 [ ]   80 [ ]   120 [ ]   150 [ ]

⑦ 计算下列除法题：

$$10)\overline{420} \qquad 10)\overline{367} \qquad 10)\overline{780} \qquad 10)\overline{842} \qquad 10)\overline{990}$$

⑧ 下面每组有多少片叶子？ 提示：用行数乘列数。

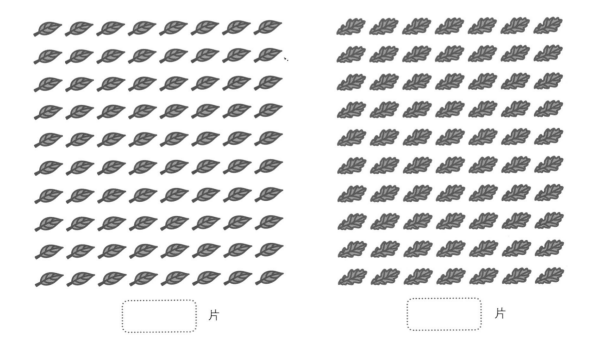

[ ] 片   [ ] 片

乘100，乘1000

几个零？要数清，
成为数学大明星！

---

① 将下列每个数乘100：

4 [____] 　　 47 [____] 　　 470 [____] 　　 4070 [____]

---

② 一个盒子里装有100件T恤，那么64个盒子里一共
有多少件T恤？

[____] 件

---

③ 每次把前一个数乘100：

3 [____] 　 [____] 　 [____]

82 [____] 　 [____] 　 [____]

---

④ 84米是多少厘米？
注：1米 = 100厘米

[____] 厘米

---

⑤ 将下列每个数除以100：

42000 [____] 　　 702000 [____]

804200 [____] 　　 6000000 [____]

188

6 将下列每个数乘1000:

7 [ ]   82 [ ]   146 [ ]   150 [ ]

7 7.2千克是多少克? 注: 1千克 = 1000 克。

[ ] 克

8 35英镑是多少便士?

[ ] 便士

9 一架飞机在10668米的高度飞行。这个高度是多少千米?

注: 1千米 = 1000 米。

[ ] 千米

10 蚂蚁窝内有700000只蚂蚁。当蚂蚁过河时, 有20%的蚂蚁会死去。请问一共有多少只蚂蚁渡过了河?

[ ] 只

3个一组

3个在一起，
这样很容易。

① 一个罐子里装着8块饼干，那么3个罐子里一共有多少块饼干？

[　　　] 块

② 将下面的每个数列补充完整：

0	3	6							
36	33	30							
36	39	42							

③ 回答下列问题：

3乘5等于多少？　　[　　]

3乘7等于多少？　　[　　]

3乘9等于多少？　　[　　]

④ 尼奥买了6个橙子，每个橙子卖30便士。6个橙子的总价是多少？

[　　　] 英镑

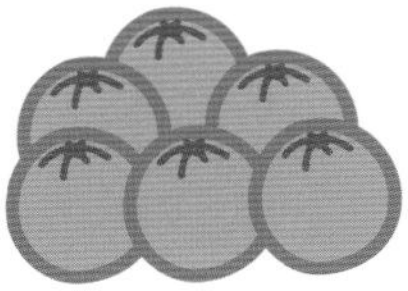

⑤ 计算下列乘法题：

16	33	55	79	145	229
× 3	× 3	× 3	× 3	× 3	× 3

6 将下列每个数除以3:

6 ☐   15 ☐   24 ☐   36 ☐   45 ☐

7 如果阿尼塔每星期能攒下3便士，需要几个星期才能攒够42便士？ ☐ 个星期

8 计算下列除法题:

☐ 3)60   ☐ 3)90   ☐ 3)72   ☐ 3)99   ☐ 3)183

9 巴勃罗洗一辆汽车能赚3英镑，他一星期赚了39英镑，那么巴勃罗一星期洗了多少辆汽车？

☐ 辆

10 下面每组图形有多少个?

☐ 个   ☐ 个

191

3倍的乐趣

3倍真是好，
乘3就得到。

① 15辆三轮车上一共有多少个轮子？

[ ] 个

② 55个三角形一共有多少条边？

[ ] 条

③ 在英国每年约有170个家庭生三胞胎，那么一共是多少个婴儿？

[ ] 个

④ 39艘三体船参加比赛，那么一共有多少个船体？
注：三体船是由3个船体组成的船。

[ ] 个

⑤ 54个孩子被分成3人一组，那么一共有多少组？

[ ] 组

⑥ 放大镜能使虫子看起来有原来的3倍大。以下是虫子的真实大小，放大以后，每只虫子有多长？

蚯蚓：6.5厘米   [ ] 厘米

蜈蚣：5.25厘米   [ ] 厘米

瓢虫：1.75厘米   [ ] 厘米

⑦ 饼干以3包1盒的形式出售。下表显示一星期内商店出售的饼干盒数，那么每天分别销售了多少包饼干？

= 3 包

星期	盒数	总计
一		
二		
三		
四		
五		
六		
日		

⑧ 将右侧的三角形划分为9个全等的小三角形。

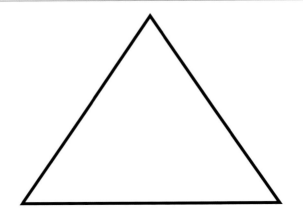

4个一组

一年有四季，
勤练要早起。

① 4个孩子分享28颗糖果，平均每个孩子能得到多少颗糖果？

☐ 颗

② 将下面的每个数列补充完整：

0	4	8							
48	44	40							
52	56	60							

③ 回答下列问题：

9乘4等于多少？ ☐

每组4个，7组一共有多少个？ ☐

4乘5等于多少？ ☐

④ 爸爸带丹文、杰西和欧文去游乐园玩。过山车的费用为每人1.50英镑，爸爸要为4人付多少钱？

☐ 英镑

⑤ 计算下列乘法题：

$$
\begin{array}{r} 23 \\ \times\ 4 \\ \hline \end{array}
\qquad
\begin{array}{r} 17 \\ \times\ 4 \\ \hline \end{array}
\qquad
\begin{array}{r} 25 \\ \times\ 4 \\ \hline \end{array}
\qquad
\begin{array}{r} 115 \\ \times\ 4 \\ \hline \end{array}
\qquad
\begin{array}{r} 200 \\ \times\ 4 \\ \hline \end{array}
\qquad
\begin{array}{r} 214 \\ \times\ 4 \\ \hline \end{array}
$$

消磨时间

计算一个数乘4的另一种方法是将它乘2，再乘2。选择1到20之间的数，进行练习。

6 将下列每个数除以4：

0 [ ]　　4 [ ]　　16 [ ]　　36 [ ]　　48 [ ]

7 杰夫买了1包铅笔。 每包有4支铅笔，价格为1.68英镑。
1支铅笔的价格是多少？

[ ] 便士

8 计算下列除法题：

[ ]　　　　[ ]　　　　[ ]　　　　[ ]　　　　[ ]
4)56　　4)96　　4)100　　4)128　　4)284

9 一盒巧克力有24块，把它们平均排成4行，每行有多少块巧克力？

[ ] 块

10 下面每组图形有多少个？

[ ] 个　　　　　　　　[ ] 个

形 状

有面有边还有角，
又数又乘很巧妙。

① 下面每种形状一共有多少条边？

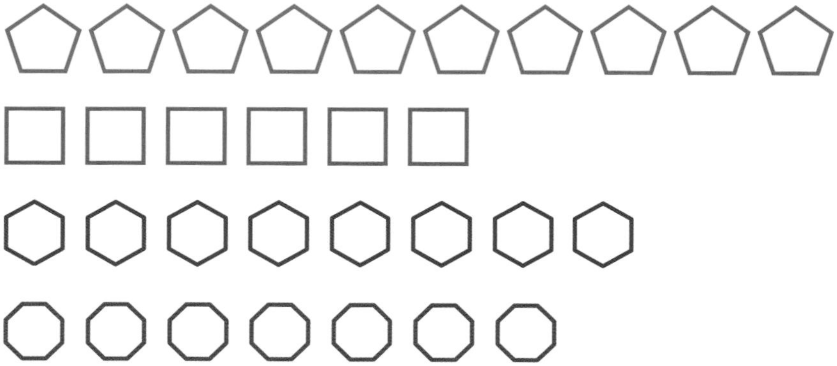

☐ 条

☐ 条

☐ 条

☐ 条

② 多少个三角形一共有27个角？

☐ 个

③ 等边三角形的内角和为180°，每个角是多少度？

☐ 。

④ 正六边形每条边的长度是7厘米，它的周长是多少？

☐ 厘米

⑤ 矩形的长度为11厘米，宽度为4厘米，它的面积是多少？

☐ 平方厘米

⑥ 正方形的每个角都是90°，4个角的度数之和是多少？

☐ 。

---

7 一个长方体有8个顶点，多少个长方体一共有80个顶点？

[   ] 个

---

8 下列每种立体图形一共有多少个面？

7个三棱柱   [   ] 个

9个长方体   [   ] 个

12个圆柱体   [   ] 个

---

9 下列每种立体图形一共有多少条边？

7个正方体   [   ] 条

4个正四棱锥   [   ] 条

3个六棱柱   [   ] 条

---

10 这个长方体的体积是多少？

提示：体积=长度×宽度×高度。

[   ] 立方厘米

6厘米

3厘米

4厘米

197

5个一组

五五二十五,
天天有进步。

① 一包贺卡内装有5张卡片,那么3包一共有多少张卡片?

[____] 张

② 将下面的每个数列补充完整:

0	5	10							

60	55	50							

75	80	85							

③ 回答下列问题:

每组6个,5组一共是多少个? [____]

7乘5等于多少? [____]

11的5倍等于多少? [____]

④ 大卫攒了24枚5便士硬币。他一共攒了多少钱?

[____] 英镑

⑤ 计算下列乘法题:

$$\begin{array}{r} 18 \\ \times\ 5 \\ \hline \end{array}$$ $$\begin{array}{r} 20 \\ \times\ 5 \\ \hline \end{array}$$ $$\begin{array}{r} 49 \\ \times\ 5 \\ \hline \end{array}$$ $$\begin{array}{r} 56 \\ \times\ 5 \\ \hline \end{array}$$ $$\begin{array}{r} 130 \\ \times\ 5 \\ \hline \end{array}$$ $$\begin{array}{r} 222 \\ \times\ 5 \\ \hline \end{array}$$

消磨时间

计算下列金额：

- 5×10p
- 5×5p
- 20×5p
- 25p÷5

- 5×25p
- 15×5p
- 50×5p
- £1÷5

注：£=英镑　p=便士

⑥ 把下列每个数除以5：

10 ☐　　25 ☐　　30 ☐　　50 ☐　　85 ☐

⑦ 给5个孩子平均分配1.95英镑。每个孩子将得到多少钱？

☐ 便士

⑧ 计算下列除法题：

$5)\overline{65}$　　$5)\overline{80}$　　$5)\overline{125}$　　$5)\overline{175}$　　$5)\overline{250}$

⑨ 一所学校有270名学生，分成5个年级，每个年级的学生数量相同，那么四年级有多少名学生？

☐ 名

⑩ 下面每组图形有多少个？

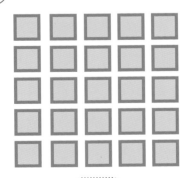

☐ 个

☐ 个

钟表时间

嘀嗒嘀嗒嘀嗒，
准备好就出发。

① 4个小时一共有多少分钟？ 注：1个小时有60分钟。

	分钟

② 这个钟面上的时间是多少？

③ 上午9点45分到11点05分之间有多少分钟？

	分钟

④ 一天一共有多少分钟？

	分钟

⑤ 半个世纪有多少个10年？

注：一个世纪是100年。

	个

6 下面每个月份有多少个小时?

九月（30天） [　　　　　] 小时　　　二月（28天） [　　　　　] 小时

五月（31天） [　　　　　] 小时

7 写出下面钟面上的时间。

[　　　　　] 　 [　　　　　] 　  　

8 下午3点10分到5点25分之间有多少分钟?

 　  　 [　　　　　] 分钟

计时测验①

① 0 × 3 =

② 12 × 2 =

③ 9 × 5 =

④ 1 × 4 =

⑤ 11 × 5 =

⑥ 3 × 4 =

⑦ 7 × 3 =

⑧ 10 × 2 =

⑨ 2 × 2 =

⑩ 6 × 5 =

⑪ 11 × 4 =

⑫ 8 × 2 =

⑬ 4 × 4 =

⑭ 10 × 5 =

⑮ 2 × 5 =

⑯ 6 × 3 =

⑰ 10 × 9 =

⑱ 9 × 4 =

⑲ 1 × 5 =

⑳ 12 × 4 =

㉑ 6 × 4 =

㉒ 7 × 4 =

㉓ 10 × 1 =

㉔ 12 × 10 =

㉕ 2 × 4 =

㉖ 10 × 7 =

㉗ 10 × 10 =

㉘ 8 × 4 =

㉙ 11 × 2 =

㉚ 0 × 2 =

202

(31) 24 ÷ 3 =

(32) 6 ÷ 2 =

(33) 15 ÷ 5 =

(34) 30 ÷ 5 =

(35) 9 ÷ 3 =

(36) 30 ÷ 10 =

(37) 14 ÷ 2 =

(38) 3 ÷ 3 =

(39) 50 ÷ 10 =

(40) 40 ÷ 5 =

(41) 2 ÷ 2 =

(42) 90 ÷ 10 =

(43) 21 ÷ 3 =

(44) 6 ÷ 3 =

(45) 10 ÷ 10 =

(46) 18 ÷ 2 =

(47) 27 ÷ 3 =

(48) 80 ÷ 10 =

(49) 15 ÷ 5 =

(50) 15 ÷ 3 =

(51) 60 ÷ 10 =

(52) 40 ÷ 8 =

(53) 36 ÷ 3 =

(54) 70 ÷ 10 =

(55) 18 ÷ 3 =

(56) 60 ÷ 5 =

(57) 110 ÷ 10 =

(58) 30 ÷ 3 =

(59) 25 ÷ 5 =

(60) 100 ÷ 10 =

6个一组

6，12，18，24，
读，练习，理解，长知识。

① 一筒网球有6个，那么8筒网球一共有多少个？

[ ] 个

② 将下面的每个数列补充完整：

0	6	12	[ ]	[ ]	[ ]	[ ]	[ ]	[ ]	[ ]
72	66	60	[ ]	[ ]	[ ]	[ ]	[ ]	[ ]	[ ]
54	60	66	[ ]	[ ]	[ ]	[ ]	[ ]	[ ]	[ ]

③ 回答下列问题：

6乘3等于多少？ [ ]

4的6倍等于多少？ [ ]

每组7个，6组一共有多少个？ [ ]

④ 塞尔玛买了9根香蕉，每根6便士。
她一共花了多少钱？

[ ] 便士

⑤ 计算下列乘法题：

| 14 | 25 | 38 | 54 | 116 | 200 |
| × 6 | × 6 | × 6 | × 6 | × 6 | × 6 |

消磨时间

计算一个数乘6的另一种方法是将它乘3，然后再将其答案乘2。选择1到20之间的数，试试看。

6 将下列每个数除以6：

18 [ ] 30 [ ] 66 [ ] 72 [ ] 96 [ ]

7 6个孩子平均分2.50英镑，会余下多少钱？

[ ] 便士

8 174辆汽车停了6排，每排一样长，那么每排有多少辆车？

[ ] 辆

9 计算下列除法题：

$$6\overline{)90} \qquad 6\overline{)102} \qquad 6\overline{)204} \qquad 6\overline{)276} \qquad 6\overline{)348}$$

10 下面每组图形有多少个？

[ ] 个

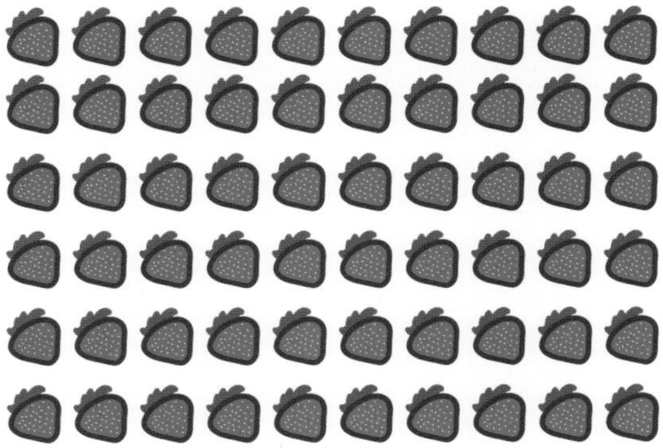

[ ] 个

虫 子

虫腿多多，来数一数；
虫王产卵，成千上万。

1 维尔记录了一个月内在花园里看到的虫子数量。

下面每种昆虫一共有多少条腿？

提示：每只昆虫有6条腿。

名称	看到的虫子数量	腿的总数
甲虫	卌— 卌— 卌— ‖	
黄蜂	卌— ‖‖	
蝴蝶	卌— 卌— 卌—	
瓢虫	卌— 卌— 卌— 卌— ∣	

注：卌— 是一种计数方式，就像中国用"正"字计数一样，都是五笔。

2 一只沙漠蝗虫每天吃2克食物，6600万只沙漠蝗虫每天一共要吃多少食物？

[_____] 克

3 一只瓢虫体长约6毫米。在显微镜下，瓢虫被放大了40倍，那么通过显微镜观察到的瓢虫体长多少毫米？

[_____] 毫米

4 一只切叶蚁每天爬360米，那么它60天一共能爬多少米？

[_____] 米

5 6000只蜜蜂一共有多少个翅膀？

提示：一只蜜蜂有4个翅膀。

　　　　　 个

6 一只蜂王每天产2000枚卵，那么它60天一共能产多少枚卵？

　　　　　 枚

7 一只蝴蝶产下600枚卵，其中只有 $\frac{1}{4}$ 能孵化成毛毛虫，那么有多少枚卵没有孵化？

　　　　　 枚

8 5班的同学们去池塘参观后，用图表记录了看到的虫子的数量。他们看到的每种类型的虫子各有多少只？

● = 6 只虫子　　◗ = 3 只虫子

名称	虫子数量	总数
龟蝽	●●●●	
负蝽	●●●	
豉甲	●●◗	
水蚤	◗	
水蜘蛛	●	

体育运动

跳跃、投掷、踢腿、冲刺，
完成此页，就在瞬间！

1 亚当用59秒跑了400米，乔纳斯花了亚当两倍的时间，那么乔纳斯花了多长时间？

．．．．．．．．．．．．．． 秒

2 3名自行车赛车手比赛，他们的速度分别是36千米/时、40千米/时和35千米/时。他们的平均速度是多少？

．．．．．．．．．．．．．． 千米/时

3 下面的表格是一个赛季足球比赛的结果：每赢一局比赛得3分，平局得1分，输了则不得分。
每支球队分别得到了多少分？

球队	赢	输	平局	总分
英国队	8	2	5	
美国队	7	3	6	
日本队	7	1	7	
巴西队	9	2	4	

4 网球锦标赛冠军获得的奖金是进入半决赛选手的4倍。如果半决赛选手获得了475000英镑奖金，那么冠军可以获得多少奖金？

．．．．．．．．．．．．．． 英镑

消磨时间

7名参赛者进行了100米赛跑，花的时间总和是91秒。他们的平均用时是多少？

---

⑤ 约翰投掷标枪的距离为64米，艾米投掷的距离比约翰少 $\frac{1}{8}$ ，那么艾米投掷了多远？

| | 米
|---|

---

⑥ 7名赛车手共得1645分，他们的平均得分是多少？

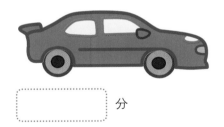

| | 分
|---|

⑦ 有162名圆场棒球选手参加锦标赛，每支球队有9名球员，那么一共有多少支球队？

| | 支
|---|

---

⑧ 游泳池的长度为25米，下面的图表显示了每个孩子的名字和游过该长度的次数，他们各游了多远？

名字	次数	总距离
哈利	10	
贾斯明	8	
杰米	6	
海蒂	5	

209

7个一组

28，21，14，7，
认真做题勤练习！

① 一只狗每天吃3块零食，那么它7天一共吃了多少块零食？

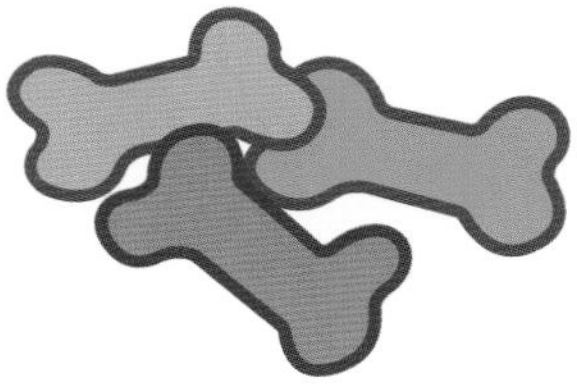

[   ] 块

② 将下面的每个数列补充完整：

| 0 | 7 | 14 | | | | | | |

| 84 | 77 | 70 | | | | | | |

| 35 | 42 | 49 | | | | | | |

③ 回答下列问题：

7乘6等于多少？ [ ]

8的7倍是多少？ [ ]

每组7个，5组一共是多少个？ [ ]

④ 每张火车票7英镑，买6张一共需要多少钱？

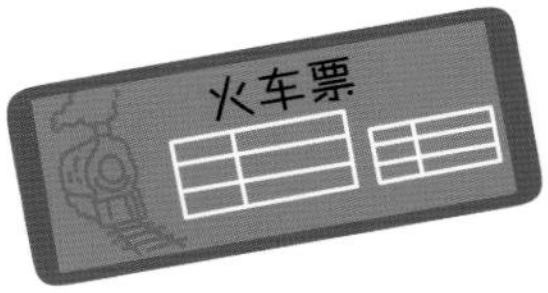

火车票

[   ]
英镑

⑤ 计算下列乘法题：

| 14 | 20 | 35 | 59 | 123 | 246 |
| × 7 | × 7 | × 7 | × 7 | × 7 | × 7 |

消磨时间

计算一个数乘7的另一种方法是将它分别与5和2相乘，然后再把两个乘积加起来。例如：$9 \times 7 = (9 \times 5) + (9 \times 2) = 45 + 18 = 63$。选择1到20之间的数，用这个方法进行乘7的计算练习。

⑥ 将下列每个数除以7：

0 ☐　　21 ☐　　49 ☐　　77 ☐　　98 ☐

⑦ 7本书共花费35.84英镑。如果每本书价格相同，那么一本书的价格是多少？ ☐ 英镑

⑧ 计算下列除法题：

$7\overline{)84}$　　$7\overline{)140}$　　$7\overline{)105}$　　$7\overline{)133}$　　$7\overline{)224}$

⑨ 将42把椅子平均分配给7张桌子，那么每张桌子可以配几把椅子？ ☐ 把

⑩ 下面每组图形有多少个？

☐ 个

☐ 个

星 期

7天，12个月， 52个星期，
乘法表让每天都变得很有趣。

1 15个星期一共有多少天？

[_____] 天

2 按1年有52个星期计算，7年一共有
多少个星期？

[_____] 个

3 1个星期一共有多少个小时？

[_____] 小时

4 爸爸每星期工作35个小时，那么他4个
星期一共工作了多少个小时？

[_____] 小时

5 弗兰每天会骑30分钟自行车，那么她1个星
期一共骑了多少分钟自行车？

[_____] 分钟

6 从星期一到星期六，书店每天营业7小时。书店每个星期
营业多少小时？

[_____] 小时

消磨时间

游泳队每天热身1个小时，游泳3个小时，跑步2个小时，那么他们在1个星期、4个星期和1年内热身、游泳和跑步分别用了多少个小时？

---

(7) 克里斯每星期用105分钟的时间练习弹琴。如果他每天练习的时间相同，那么他每天练习多长时间？

[　　　　　] 分钟

---

(8) 埃拉旅行了91天，相当于几个星期？

[　　　　　] 个

---

(9) 爸爸预订了22个星期后的家庭旅游行程，我们还需要等多少天才能去旅游？

[　　　　　] 天

---

(10) 金每天都做下面的事情，那么她每个星期都会花多少时间做下面的事情？

看45分钟电视　　　　　　　　　　　　[　　　　　] 分钟

玩30分钟电脑游戏　　　　　　　　　　[　　　　　] 分钟

阅读1小时10分钟　　　　　　　　　　 [　　　　　] 分钟

色子和扑克牌

练习完乘法要休息，
玩玩色子、扑克牌也很有趣。

① 将下列色子上显示的两个数相乘。

[5] × [6] = ☐   [5] × [5] = ☐

[3] × [4] = ☐   [2] × [3] = ☐

② 将下列色子上显示的数加起来，然后乘6。

([1] + [4]) ×6 = ☐   ([2] + [3]) ×6 = ☐

([6] + [6]) ×6 = ☐   ([5] + [3]) ×6 = ☐

③ 杰克掷两个色子，掷了5次，每次都得到两个6点。
他一共得到了多少点？

☐ 点

④ 4个人玩掷色子游戏，每次掷2个色子，必须点数相同才能得分（一对1得2分，一对2得4分……一对6得12分）。下面是4个玩家目前的得分，每个玩家需要在下一次掷出什么样的点数，才能正好达到100分？

玩家	得分	达到100分需要的点数
1	90	
2	98	
3	94	
4	88	

⑤ 杰斯掷了100次色子，并记录了得到的点数。将杰斯总共获得的点数填写在表格中。

色子上的点数	投掷次数	总点数
1	卌 卌 卌 丨	
2	卌 卌 卌 卌	
3	卌 卌 卌 丨丨丨	
4	卌 卌 卌	
5	卌 卌 卌 丨丨	
6	卌 卌 丨丨丨丨	
	共计：	

⑥ 一副扑克牌（大、小王不计入）有4种花色，每种花色有13张牌。

一副牌共有多少张？　　　　　　　　　　　　　[　　　] 张

下面有多少张扑克牌：

4副牌　[　　　] 张

9副牌　[　　　] 张

6副牌　[　　　] 张

将下面每张牌的数值乘8：

红心9　[　　　]

方片8　[　　　]

梅花Q(12)　[　　　]

8个一组

立即开始，不要等，
8888，步伐稳！

---

① 每小时有6列火车出发，每列火车有8节车厢。那么每小时一共
发出多少节车厢？

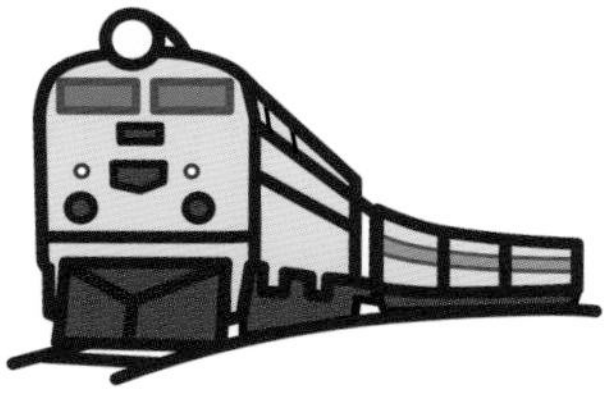

[ ] 节

---

② 将下面的每个数列补充完整：

| 0 | 8 | 16 | | | | | | | |

| 96 | 88 | 80 | | | | | | | |

| 40 | 48 | 56 | | | | | | | |

---

③ 回答下列问题：

8乘6等于多少？ [ ]

2乘8等于多少？ [ ]

9的8倍是多少？ [ ]

---

④ 每袋苹果售价1.46英镑，买8袋一共要付
多少钱？

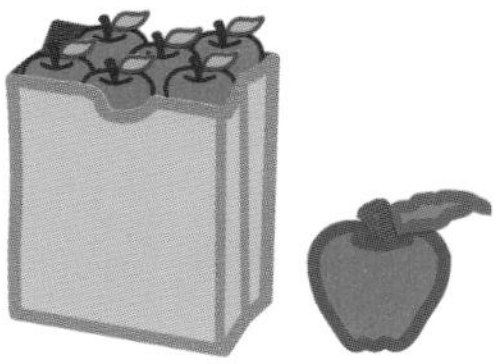

[ ]

英镑

---

⑤ 计算下列乘法题：

| 15 | 24 | 48 | 97 | 120 | 236 |
| × 8 | × 8 | × 8 | × 8 | × 8 | × 8 |

6 计算下列除法题：

$$8\overline{)96}\qquad 8\overline{)144}\qquad 8\overline{)168}\qquad 8\overline{)256}\qquad 8\overline{)312}$$

7 塔米的花园需要192米的围栏，每片围栏板长8米。那么她需要多少片围栏板？

_____ 片

8 佩里买了8支铅笔，支付了2.80英镑。每支铅笔多少钱？

_____ 便士

9 将下列每个数除以8：

0 ☐   24 ☐   56 ☐   80 ☐   96 ☐

10 下面每组宝石各有多少颗？

_____ 颗   _____ 颗

217

太阳系

5，4，3，2，1，发射！
漫游太空解难题。

① 假如每年向地球轨道发射35颗人造卫星，那么8年一共发射多少颗
人造卫星？

[   ] 颗

② 如果以800千米/时的速度行驶，探测器需要8年才能到达火星。如果想
要1年就到达火星，探测器需要行驶多快？

[   ] 千米/时

③ 火星绕太阳运行一圈大约需要687天，绕太阳运行8圈一共需要多少天？

[   ] 天

④ 海王星绕太阳运行一圈大约需要165年，绕太阳8圈一共需要多少年？

[   ] 年

⑤ 水星绕太阳运行一圈大约需要88天。那么在880天里，水星绕太阳运行了几圈？

[   ] 圈

消磨时间

一支由7名宇航员组成的团队准备执行为期8天的太空任务。如果他们每人每天需要1.7千克的食物和2升水，他们最少需要携带多少食物和水？

(6) 假如行星A有16颗卫星，行星B的卫星数量是行星A的8倍，那么行星B有多少颗卫星？

[＿＿＿＿＿] 颗

(7) 水星正午的表面温度约为420℃，这个温度的8倍是多少？

[＿＿＿＿＿] ℃

(8) 水星的直径约为4878千米。它直径的 $\frac{1}{8}$ 是多少？

[＿＿＿＿＿] 千米

(9) 土星上的一天约为地球上的10小时14分钟。
土星上的8天约为地球上的多长时间？

[＿＿＿＿＿]

天王星上的一天约为地球上的17小时8分钟。
天王星上的8天约为地球上的多长时间？

[＿＿＿＿＿]

(10) 土星与太阳相距约1400000000千米。
这个距离的 $\frac{5}{8}$ 是多少？

[＿＿＿＿＿] 千米

木星与太阳相距约780000000千米。
这个距离的 $\frac{3}{8}$ 是多少？

[＿＿＿＿＿] 千米

分 数

分母除，
分子乘。

① 下面各数的 $\frac{1}{2}$ 是多少？

18 [　]　　　10 [　]　　　6 [　]　　　24 [　]

② 下面各数的 $\frac{1}{3}$ 是多少？

12 [　]　　　27 [　]　　　33 [　]　　　42 [　]

③ 下面各数的 $\frac{1}{4}$ 是多少？

4 [　]　　　20 [　]　　　36 [　]　　　52 [　]

④ 一个盒子里有60根胡萝卜。计算下面有几根胡萝卜。

$\frac{7}{10}$ 盒胡萝卜： [　] 根

$\frac{1}{10}$ 盒胡萝卜： [　] 根　　　$\frac{2}{10}$ 盒胡萝卜： [　] 根

⑤ 有25根香蕉，其中 $\frac{1}{5}$ 被吃了。还剩下多少根香蕉？

[　　　] 根

消磨时间

计算下面的量：

450克的 $\frac{5}{9}$；2.50英镑的 $\frac{3}{8}$；640厘米的 $\frac{7}{10}$。

给你的朋友出一些分数题，看看他做对了吗？

6) 下面各数的 $\frac{3}{4}$ 是多少？

12 ☐   24 ☐   32 ☐   44 ☐

7) 48块比萨饼的 $\frac{1}{8}$ 是多少？

☐ 块

8) 40的 $\frac{7}{10}$ 是多少？

☐

9) 一个班级有30人，其中有 $\frac{3}{5}$ 的人吃学校提供的午餐。那么，有多少人不吃学校提供的午餐？

☐ 人

10) 奥利弗摘了54个苹果，其中 $\frac{1}{6}$ 是烂苹果。那么，一共有多少个烂苹果？

☐ 个

9个一组

快醒醒，准备练习，
这里有9个一组的计算题。

① 一天有8场赛马。 如果每场有9匹不同的马参加比赛，那么每天一共有多少匹马参加比赛？

匹

② 将下面的每个数列补充完整：

0	9	18							

108	99	90							

45	54	63							

③ 回答下列问题：

3的9倍是多少？

9乘8等于多少？

一组9个，6组一共是多少个？

④ 每束鲜花售价4.99英镑。
9束鲜花一共多少钱？

英镑

⑤ 计算下列乘法题：

16	23	92	47	150	218
× 9	× 9	× 9	× 9	× 9	× 9

消磨时间

计算一个数乘9的另一种方法是先将它乘10，然后从其答案中减去它自身。例如，15 × 9 =（15 × 10）– 15 = 135。选择一些两位数进行练习。

6 将下列每个数除以9：

9 [ ]　　　36 [ ]　　　45 [ ]　　　90 [ ]　　　108 [ ]

7 杰克需要用468英镑买一台新电视机，如果他决定在9个星期里攒出这笔钱，他每个星期需要攒多少钱？

[ ] 英镑

8 下面每组图形有多少个？

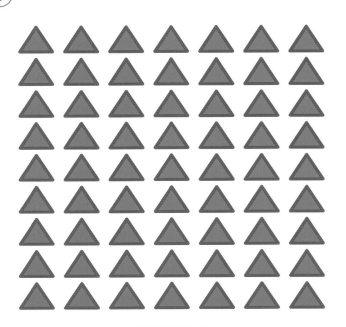

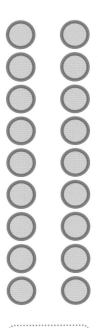

[ ] 个　　　　　　　　　　　　　　　　　[ ] 个

223

购物

看看，挑挑，选选货；
加减乘除算清楚！

(1) 计算卡尔购物的总花费。

食物	单价	数量	总花费（英镑）
西红柿	20便士	6个	
胡萝卜	10便士	8根	
圆白菜	89便士	2个	
辣椒	43便士	5个	
奶酪	1.26英镑	1块	
面包	76便士	3个	
果汁	1.49英镑	4瓶	
牛奶	72便士	6瓶	
饼干	89便士	7包	
意大利面条	2.56英镑	2份	

消磨时间

计算下面各项商品的总价格：
- 3千克苹果，每千克45便士；
- 7个橙子，每个23便士；
- 6瓶罐头，每瓶1.20英镑。

下面哪个物品的总价格比较便宜？
- 12包饼干，每包54便士；
- 9罐果酱，每罐63便士。

---

② 一位店主卖了6件红外套，每件89英镑。他一共卖了多少钱？

☐ 英镑

---

③ 妈妈买了3条手链，每条7.84英镑。她一共花了多少钱？

☐ 英镑

---

④ 塔米买了3双相同价钱的鞋，一共花了77.97英镑。每双鞋的价格是多少？

☐ 英镑

---

⑤ 帽子的原价是14.50英镑。在促销活动中，帽子的价钱降低了20%。那么一顶帽子降低了多少钱？

☐ 英镑

225

计时测验②

眼疾手快心又细,
你能做对多少题?
各就各位,预备,开始!

① 0 × 9 = 　　　　② 0 × 6 = 　　　　③ 8 × 9 =

④ 5 × 8 = 　　　　⑤ 7 × 8 = 　　　　⑥ 3 × 8 =

⑦ 2 × 9 = 　　　　⑧ 7 × 6 = 　　　　⑨ 2 × 7 =

⑩ 1 × 7 = 　　　　⑪ 9 × 9 = 　　　　⑫ 10 × 9 =

⑬ 2 × 8 = 　　　　⑭ 1 × 8 = 　　　　⑮ 12 × 6 =

⑯ 3 × 6 = 　　　　⑰ 9 × 7 = 　　　　⑱ 10 × 7 =

⑲ 4 × 7 = 　　　　⑳ 4 × 9 = 　　　　㉑ 11 × 6 =

㉒ 8 × 8 = 　　　　㉓ 6 × 8 = 　　　　㉔ 11 × 8 =

㉕ 9 × 6 = 　　　　㉖ 6 × 7 = 　　　　㉗ 12 × 7 =

㉘ 5 × 6 = 　　　　㉙ 7 × 7 = 　　　　㉚ 12 × 9 =

(31) $0 \div 7 =$ ☐

(32) $60 \div 6 =$ ☐

(33) $63 \div 9 =$ ☐

(34) $0 \div 8 =$ ☐

(35) $99 \div 9 =$ ☐

(36) $84 \div 7 =$ ☐

(37) $9 \div 9 =$ ☐

(38) $27 \div 9 =$ ☐

(39) $48 \div 8 =$ ☐

(40) $6 \div 6 =$ ☐

(41) $96 \div 8 =$ ☐

(42) $72 \div 8 =$ ☐

(43) $21 \div 7 =$ ☐

(44) $32 \div 8 =$ ☐

(45) $63 \div 7 =$ ☐

(46) $24 \div 6 =$ ☐

(47) $45 \div 9 =$ ☐

(48) $35 \div 7 =$ ☐

(49) $77 \div 7 =$ ☐

(50) $48 \div 6 =$ ☐

(51) $54 \div 9 =$ ☐

(52) $80 \div 8 =$ ☐

(53) $49 \div 7 =$ ☐

(54) $12 \div 6 =$ ☐

(55) $36 \div 6 =$ ☐

(56) $64 \div 8 =$ ☐

(57) $56 \div 7 =$ ☐

(58) $40 \div 8 =$ ☐

(59) $81 \div 9 =$ ☐

(60) $108 \div 9 =$ ☐

227

除 法

利用你的乘法知识，
解决下列除法问题。

① 将下列算式与答案配对：

168 ÷ 6   524 ÷ 4   595 ÷ 7   729 ÷ 9

85   81   28   131

② 用长除法计算：

4)648

2)496

5)760

6)822

③ 下列除法算式的余数是多少？

592 ÷ 3 ······ ☐   264 ÷ 7 ······ ☐

786 ÷ 4 ······ ☐   543 ÷ 9 ······ ☐

④ 圈出下列数中所有7的倍数：

14   23   35   43   76   84

消磨时间

有多少9的倍数同时也是其他乘法算式的答案? 例如, 18是9的倍数, 也是1×18和3×6的答案。列出你能想到的所有这样的算式。

⑤ 圈出下列数中所有9的倍数:

28　　　54　　　61　　　83　　　99　　　108

⑥ 圈出下列数中所有12的倍数:

24　　　45　　　60　　　56　　　72　　　98　　　132

⑦ 计算下面的算式:

14.58 ÷ 3 = 　　　　　　　　35.60 ÷ 8 =

26.96 ÷ 4 = 　　　　　　　　66.69 ÷ 9 =

⑧ 列出下列每个数的所有因数:

24　

36　

72　

100

11个一组

11，22，33，44，
发现规律要多试试。

① 一位花农种了6排郁金香，每排有11个郁金香球茎。那么一共有多少个郁金香球茎？

　　　　 个

② 将下面的每个数列补充完整：

0	11	22							
143	132	121							
66	77	88							

③ 回答下列问题：

11乘4等于多少？

每组7个，11组一共是多少个？

12的11倍是多少？

④ 艾莉以每件1.10英镑的价格购买了11件T恤。艾莉一共花了多少钱？

　　　　英镑

⑤ 计算下列乘法题：

14	25	69	33	81	100
× 11	× 11	× 11	× 11	× 11	× 11

6 将下列每个数除以11：

22 [　　]   88 [　　]   121 [　　]   143 [　　]   176 [　　]

7 计算下列除法题：

$11\overline{)187}$ $11\overline{)297}$ $11\overline{)363}$ $11\overline{)572}$ $11\overline{)781}$

8 下面每组的圆点有多少个？

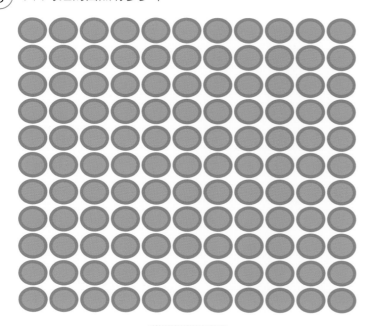

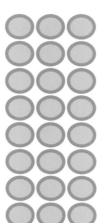

[　　　　] 个   [　　　　] 个

数列

每行数都很有趣，
请你找出其规律。

① 将下面的每个数列补充完整：

5　10　[　]　[　]　[　]　30　[　]　[　]　45　[　]

60　[　]　[　]　75　[　]　[　]　[　]　95　[　]　105

② 将下面的每个数列补充完整：

4　8　12　[　]　[　]　[　]　[　]　[　]　[　]　[　]

7　14　21　[　]　[　]　[　]　[　]　[　]　[　]　[　]

25　50　75　[　]　[　]　[　]　[　]　[　]　[　]　[　]

③ 找规律填空：

④ 完成下面的表格：

×	0	1	2	3	4	5	6	7	8	9	10
6				18							
9						45					

5. 将下面的每个数列补充完整:

80　　72　　☐　　☐　　☐　　40　　☐　　☐　　☐　　8

60　　56　　52　　☐　　☐　　☐　　36　　☐　　☐　　☐

6. 找规律填空:

7. 完成下面的表格:

×	10	9	8	7	6	5	4	3	2	1	0
11			88								
12							48				

8. 将下面的每个数列补充完整:

200　　190　　180　　☐　　☐　　☐　　☐　　☐　　☐　　☐

150　　148　　146　　☐　　☐　　☐　　☐　　☐　　☐　　☐

233

12个一组

12的乘法表中大部分结果曾在其他乘法表中出现过，所以你可以放轻松地去学习。

① 面包师1个小时可以制作12个面包，那么他3个小时一共可以制作多少个面包？

[   ] 个

② 将下面的每个数列补充完整：

0　12　24　[   ]　[   ]　[   ]　[   ]　[   ]　[   ]　[   ]

144　132　120　[   ]　[   ]　[   ]　[   ]　[   ]　[   ]　[   ]

60　72　84　[   ]　[   ]　[   ]　[   ]　[   ]　[   ]　[   ]

③ 回答下列问题：

每组12个，5组一共是多少个？　[   ]

8的12倍等于多少？　[   ]

10乘12等于多少？　[   ]

④ 卡拉以每包2英镑的价格购买了12包卡片，每包4张。卡拉一共花了多少钱？一共有多少张卡片？

[   ] 英镑　[   ] 张

⑤ 计算下列乘法题：

13	17	24	35	42	100
×12	×12	×12	×12	×12	×12

6 将下列每个数除以12：

0 _____   48 _____   84 _____   132 _____   192 _____

---

7 妈妈借了864英镑的贷款，她每月还相同金额的贷款，12个月还清。

那么妈妈每个月需要还多少钱？

_____ 英镑

---

8 下面每组图形有多少个？

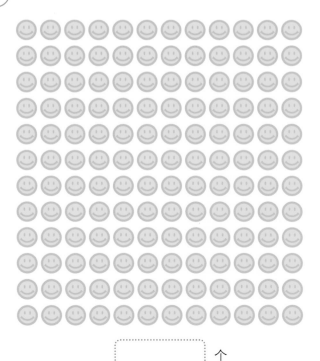
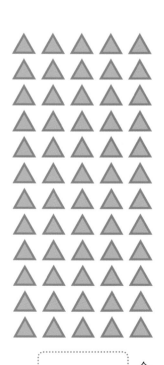

_____ 个   _____ 个

235

一天练一打

用12的乘法表来解题，
一天做一打练习。

1. 将12个孩子分成3队玩游戏，每队有多少个孩子？

   _____ 个

2. 纸杯蛋糕以一盒12个的方式出售，那么15盒一共有多少个蛋糕？

   _____ 个

3. 一打鸡蛋有12个，一罗鸡蛋有144个，那么一罗是多少打鸡蛋？

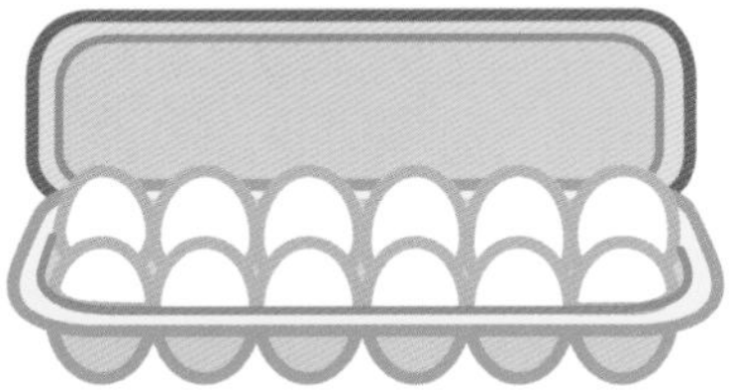

   _____ 打

4. 12的因数有哪些？

   [ ] [ ] [ ] [ ] [ ] [ ]

5. 20个孩子每人得到了12颗糖果，那么他们一共得到了多少颗糖果？

   _____ 颗

⑥ 一位厨师12分钟可以做一打（12张）煎饼, 那么他1小时可以做多少打煎饼?

[　　　　　] 打

⑦ 每小时有3列火车到达火车站, 那么12小时一共有多少列火车到达?

[　　　　　] 列

⑧ 音乐家们在音乐会上表演了12首乐曲, 这些乐曲的平均时长是4分钟。这些音乐家一共演奏了多少分钟?

[　　　　　] 分钟

⑨ 一次筹款活动中售出了900张抽奖券, 其中一共有12张抽奖券会显示"中奖"。中奖的概率是多少? 圈出正确的答案。

$\frac{1}{50}$　　$\frac{1}{75}$　　$\frac{1}{100}$

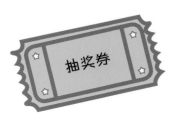

抽奖券

⑩ 吉尔每月参加一次10千米越野赛, 那么她一年在越野赛中一共跑了多少千米?

[　　　　　] 千米

计时测验③

眼疾手快心又细,
你能做对多少题?
各就各位,预备,开始!

① 3 × 9 =

② 19 × 4 =

③ 20 × 6 =

④ 1 × 7 =

⑤ 12 × 9 =

⑥ 12 × 8 =

⑦ 4 × 6 =

⑧ 10 × 8 =

⑨ 12 × 5 =

⑩ 5 × 4 =

⑪ 11 × 0 =

⑫ 11 × 2 =

⑬ 5 × 8 =

⑭ 11 × 6 =

⑮ 18 × 3 =

⑯ 8 × 2 =

⑰ 12 × 4 =

⑱ 16 × 2 =

⑲ 7 × 7 =

⑳ 10 × 5 =

㉑ 14 × 0 =

㉒ 7 × 3 =

㉓ 15 × 9 =

㉔ 32 × 1 =

㉕ 1 × 3 =

㉖ 17 × 8 =

㉗ 19 × 10 =

㉘ 2 × 10 =

㉙ 15 × 7 =

㉚ 16 × 12 =

(31) 54 ÷ 9 = ☐

(32) 245 ÷ 5 = ☐

(33) 85 ÷ 5 = ☐

(34) 81 ÷ 9 = ☐

(35) 112 ÷ 8 = ☐

(36) 24 ÷ 3 = ☐

(37) 56 ÷ 8 = ☐

(38) 100 ÷ 5 = ☐

(39) 92 ÷ 2 = ☐

(40) 56 ÷ 7 = ☐

(41) 108 ÷ 6 = ☐

(42) 63 ÷ 3 = ☐

(43) 42 ÷ 6 = ☐

(44) 456 ÷ 1 = ☐

(45) 28 ÷ 2 = ☐

(46) 91 ÷ 7 = ☐

(47) 537 ÷ 3 = ☐

(48) 76 ÷ 2 = ☐

(49) 40 ÷ 4 = ☐

(50) 860 ÷ 10 = ☐

(51) 99 ÷ 11 = ☐

(52) 25 ÷ 5 = ☐

(53) 240 ÷ 12 = ☐

(54) 320 ÷ 10 = ☐

(55) 51 ÷ 3 = ☐

(56) 143 ÷ 11 = ☐

(57) 144 ÷ 12 = ☐

(58) 64 ÷ 4 = ☐

(59) 121 ÷ 11 = ☐

(60) 1000 ÷ 10 = ☐

答　案：

182—183 2个一组
184—185 成双成对和加倍

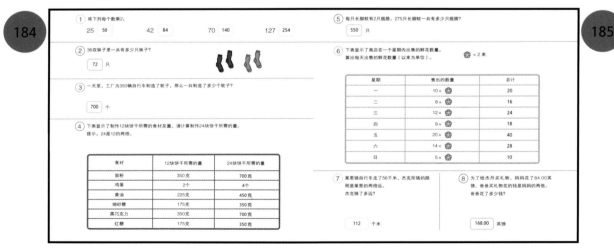

本节中的所有练习题都适用于熟悉0到12的乘法表，并且能够进行乘法和除法运算的孩子。在这个年纪，孩子应当理解，乘法是相同的数相加多次的快速计算方法。

孩子将运用他学到的乘法知识迎接具备一定挑战性的问题。他将学会仔细阅读问题，识别数据，并决定使用四种运算方式中的哪种来解决问题。

答案：

186—187 10个一组
188—189 乘100，乘1000

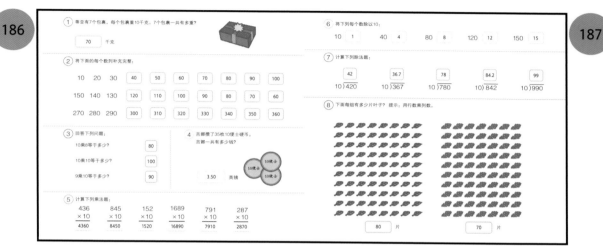

① 蒂亚有7个包裹，每个包裹重10千克。7个包裹一共有多重？

70 千克

② 将下面的每个数列补充完整：

10 20 30 **40 50** **60 70** 80 90 100

150 140 130 **120 110 100** **90** 80 **70** **60**

270 280 290 **300 310 320** **330 340 350** **360**

③ 回答下列问题：

10乘8等于多少？ 80

10乘10等于多少？ 100

9乘10等于多少？ 90

④ 吉娜攒了35枚10便士硬币。吉娜一共有多少钱？

3.50 英镑

⑤ 计算下列乘法题：

436	845	152	1689	791	287
× 10	× 10	× 10	× 10	× 10	× 10
4360	8450	1520	16890	7910	2870

⑥ 将下列每个数除以10：

10 1   40 4   80 8   120 12   150 15

⑦ 计算下列除法题：

42 ÷ 10)420   36.7 ÷ 10)367   78 ÷ 10)780   84.2 ÷ 10)842   99 ÷ 10)990

⑧ 下面每组有多少片叶子？提示：用行数乘列数。

80 片   70 片

孩子将理解一个数乘10的意思是将这个数变成原来的10倍大。对于小数，乘10是将小数点向右移动一位；除以10是将小数点向左移动一位。

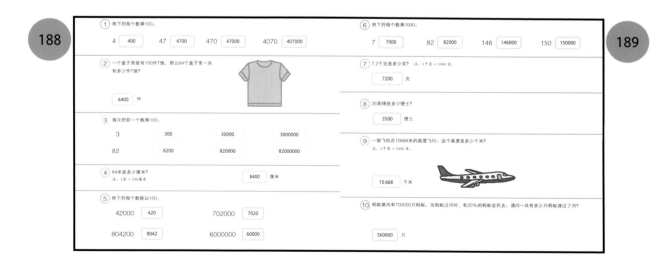

① 将下列每个数乘100：

4 400   47 4700   470 47000   4070 407000

② 一个盒子里装有100件T恤，那么64个盒子里一共有多少件T恤？

6400 件

③ 每次把前一个数乘100：

3   300   30000   3000000
82   8200   820000   82000000

④ 84米是多少厘米？
注：1米 = 100厘米

8400 厘米

⑤ 将下列每个数除以100：

42000 420   702000 7020

804200 8042   6000000 60000

⑥ 将下列每个数乘1000：

7 7000   82 82000   146 146000   150 150000

⑦ 7.2千克是多少克？注：1千克 = 1000克。

7200 克

⑧ 35英镑是多少便士？

3500 便士

⑨ 一架飞机在10668米的高度飞行。这个高度是多少千米？
注：1千米 = 1000米。

10.668 千米

⑩ 蚂蚁窝内有700000只蚂蚁。当蚂蚁过河时，有20%的蚂蚁会死去。请问一共有多少只蚂蚁渡过了河？

560000 只

答案：

190—191 3个一组
192—193 3倍的乐趣

① 一个罐子里装着8块饼干，那么3个罐子里一共有多少块饼干？

24 块

② 将下面的每个数列补充完整：

| 0 | 3 | 6 | 9 | 12 | 15 | 18 | 21 | 24 | 27 |

| 36 | 33 | 30 | 27 | 24 | 21 | 18 | 15 | 12 | 9 |

| 36 | 39 | 42 | 45 | 48 | 51 | 54 | 57 | 60 | 63 |

③ 回答下列问题：

3乘5等于多少？　　15

3乘7等于多少？　　21

3乘9等于多少？　　27

④ 尼奥买了6个橙子，每个橙子卖30便士。6个橙子的总价是多少？

1.80 英镑

⑤ 计算下列乘法题：

| 16
× 3
48 | 33
× 3
99 | 55
× 3
165 | 79
× 3
237 | 145
× 3
435 | 229
× 3
687 |

191

⑥ 将下列每个数除以3：

6 [2]　　15 [5]　　24 [8]　　36 [12]　　45 [15]

⑦ 如果阿尼塔每星期能攒下3便士，需要几个星期才能攒够42便士？

14 个星期

⑧ 计算下列除法题：

3)60 = 20　　3)90 = 30　　3)72 = 24　　3)99 = 33　　3)183 = 61

⑨ 巴勃罗洗一辆汽车能赚3英镑，他一星期赚了39英镑，那么巴勃罗一星期洗了多少辆汽车？

13 辆

⑩ 下面每组图形有多少个？

21 个　　27 个

本小节用于练习特定数的乘法表，以加强孩子对特定乘法表的熟悉程度。其中的数列题能巩固他的倍数知识，对学习除法非常有用。

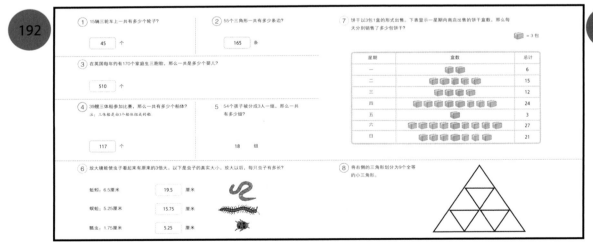

192

① 15辆三轮车上一共有多少个轮子？

45 个

② 55个三角形一共有多少条边？

165 条

③ 在英国每年约有170个家庭生三胞胎，那么一共是多少个婴儿？

510 个

④ 39艘三体船参加比赛，那么一共有多少个船体？
注：三体船是由3个船体组成的船

117 个

⑤ 54个孩子被分成3人一组，那么一共有多少组？

18 组

⑥ 放大镜能使虫子看起来有原来的3倍大。以下是虫子的真实大小，放大之后，每只虫子有多长？

蚯蚓：6.5厘米　　19.5 厘米

蜈蚣：5.25厘米　　15.75 厘米

瓢虫：1.75厘米　　5.25 厘米

193

⑦ 饼干以3包1盒的形式出售。下表显示一星期内商店出售的饼干盒数，那么每天分别销售了多少包饼干？

= 3包

星期	盒数	总计
一		6
二		15
三		12
四		24
五		3
六		27
日		21

⑧ 将右侧的三角形划分为9个全等的小三角形。

本小节含有以特定乘法表为主题的应用问题。乘法表中的知识在日常生活中很有用，希望孩子能够受到激励，并且学会在日常生活中运用学到的乘法和除法知识。

答案:

194—195 4个一组
196—197 形 状

① 4个孩子分享28颗糖果，平均每个孩子能得到多少颗糖果？

7 颗

② 将下面的每个数列补充完整：

0	4	8	12	16	20	24	28	32	36
48	44	40	36	32	28	24	20	16	12
52	56	60	64	68	72	76	80	84	88

3 回答下列问题：

9乘4等于多少? **36**

每组4个，7组一共有多少个? **28**

4乘5等于多少? **20**

④ 爸爸带丹文、杰西和欧文去游乐园玩。过山车的费用为每人1.50英镑，爸爸要为4人付多少钱？

6.00 英镑

⑤ 计算下列乘法题：

$$\begin{array}{r}23\\\times 4\\\hline 92\end{array} \quad \begin{array}{r}17\\\times 4\\\hline 68\end{array} \quad \begin{array}{r}25\\\times 4\\\hline 100\end{array} \quad \begin{array}{r}115\\\times 4\\\hline 460\end{array} \quad \begin{array}{r}200\\\times 4\\\hline 800\end{array} \quad \begin{array}{r}214\\\times 4\\\hline 856\end{array}$$

⑥ 将下列每个数除以4：

0	**0**	4	**1**	16	**4**	36	**9**	48	**12**

⑦ 杰夫买了1包铅笔。每包有4支铅笔，价格为1.68英镑。1支铅笔的价格是多少？

42.00 便士

⑧ 计算下列除法题：

$$4)\overline{56}^{\,14} \quad 4)\overline{96}^{\,24} \quad 4)\overline{100}^{\,25} \quad 4)\overline{128}^{\,32} \quad 4)\overline{284}^{\,71}$$

9 一盒巧克力有24块，把它们平均排成4行，每行有多少块巧克力？

6 块

⑩ 下面每组图形有多少个？

12 个   **40** 个

---

① 下面每种形状一共有多少条边？

50 条

24 条

48 条

56 条

② 多少个三角形一共有27个角？

9 个

3 等边三角形的内角和为180°，每个角是多少度？

60 °

4 正六边形每条边的长度是7厘米，它的周长是多少？

42 厘米

⑤ 矩形的长度为11厘米，宽度为4厘米，它的面积是多少？

44 平方厘米

⑥ 正方形的每个角都是90°，4个角的度数之和是多少？

360 °

⑦ 一个长方体有8个顶点，多少个长方体一共有80个顶点？

10 个

⑧ 下列每种立体图形一共有多少个面？

7个三棱柱 **35** 个

9个长方体 **54** 个

12个圆柱体 **36** 个

⑨ 下列每种立体图形一共有多少条边？

7个正方体 **84** 条

4个正四棱锥 **32** 条

3个六棱柱 **54** 条

⑩ 这个长方体的体积是多少？

提示：体积=长度×宽度×高度。

72 立方厘米

6厘米 3厘米 4厘米

在本小节中，乘法的知识被应用于更广泛的数学概念。各种几何形状有助于孩子学会应用乘法和除法解决问题，例如计算周长、面积和体积。

答案:

198—199 5个一组
200—201 钟表时间

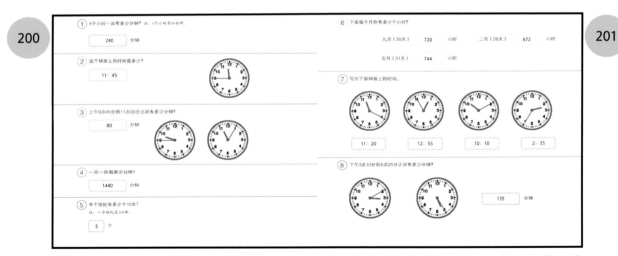

198

① 一包贺卡内装有5张卡片，那么3包一共有多少张卡片?
15 张

② 将下面的每个数列补充完整:

0	5	10	15	20	25	30	35	40	45
60	55	50	45	40	35	30	25	20	15
75	80	85	90	95	100	105	110	115	120

③ 回答下列问题:
每组6个，5组一共是多少个? 30
7乘5等于多少? 35
11的5倍等于多少? 55

④ 大卫攒了24枚5便士硬币、他一共攒了多少钱?
1.20 英镑

⑤ 计算下列乘法题:

| 18
× 5
90 | 20
× 5
100 | 49
× 5
245 | 56
× 5
280 | 130
× 5
650 | 222
× 5
1110 |

199

⑥ 把下列每个数除以5:
10 2   25 5   30 6   50 10   85 17

⑦ 给5个孩子平均分配1.95英镑。每个孩子将得到多少钱?
39 便士

⑧ 计算下列除法题:
13   16   25   35   50
5)65   5)80   5)125   5)175   5)250

⑨ 一所学校有270名学生，分成5个年级，每个年级的学生数量相同，那么四年级有多少名学生?
54 名

⑩ 下面每组图形有多少个?
25 个   40 个

200

① 4个小时一共有多少分钟? 注: 1个小时有60分钟。
240 分钟

② 这个钟面上的时间是多少?
11: 45

③ 上午9点45分到11点05分之间有多少分钟?
80 分钟

④ 一天一共有多少分钟?
1440 分钟

⑤ 半个世纪有多少个10年?
注: 一个世纪是100年。
5 个

201

⑥ 下面每个月份有多少个小时?
九月 (30天) 720 小时   二月 (28天) 672 小时
五月 (31天) 744 小时

⑦ 写出下面钟面上的时间。
11: 20   12: 55   10: 10   2: 35

⑧ 下午3点10分到5点25分之间有多少分钟?
135 分钟

认识时钟和计算时间间隔会涉及5的倍数。将时钟上分针指的数乘5，就可以快速计算时间。

答　案：

204

① 一筒网球有6个，那么8筒网球一共有多少个？

48 个

② 将下面的每个数列补充完整：

0	6	12	18	24	30	36	42	48	54
72	66	60	54	48	42	36	30	24	18
54	60	66	72	78	84	90	96	102	108

③ 回答下列问题：

6乘3等于多少？　**18**

4的6倍等于多少？　**24**

每组7个，6组一共有多少个？　**42**

④ 塞尔玛买了9根香蕉，每根6便士。她一共花了多少钱？

54　便士

⑤ 计算下列乘法题：

| 14
× 6
84 | 25
× 6
150 | 38
× 6
228 | 54
× 6
324 | 116
× 6
696 | 200
× 6
1200 |

205

⑥ 将下列每个数除以6：

18　**3**　　30　**5**　　66　**11**　　72　**12**　　96　**16**

⑦ 6个孩子平均分2.50英镑，会余下多少钱？

4　便士

⑧ 174辆汽车停了6排，每排一样长，那么每排有多少辆车？

29　辆

⑨ 计算下列除法题：

| **15**
6)90 | **17**
6)102 | **34**
6)204 | **46**
6)276 | **58**
6)348 |

⑩ 下面每组图形有多少个？

36 个　　**60** 个

206

① 维尔记录了一个月内在花园里看到的虫子数量。下面每种昆虫一共有多少条腿？

提示：每只昆虫有6条腿。

名称	看到的虫子数量	腿的总数
甲虫	〼 〼 〼 ‖	102条
黄蜂	〼 ‖‖	48条
蝴蝶	〼 〼 〼	90条
瓢虫	〼 〼 〼 〼	126条

注：〼 是一种计数方式，就像中国用"正"字计数一样，都是五笔。

② 一只沙漠蝗虫每天吃2克食物，6600万只沙漠蝗虫每天一共要吃多少食物？

132000000　克

③ 一只瓢虫体长约6毫米。在显微镜下，瓢虫被放大了40倍，那么通过显微镜观察到的瓢虫体长多少毫米？

240　毫米

④ 一只切叶蚁每天爬360米，那么它60天一共能爬多少米？

21600　米

207

⑤ 6000只蜜蜂一共有多少个翅膀？

提示：每只蜜蜂有4个翅膀。

24000　个

⑥ 一只蜂王每天产2000枚卵，那么它60天一共能产多少枚卵？

120000　枚

⑦ 一只蝴蝶产下600枚卵，其中只有 ¾ 能孵化成毛毛虫，那么有多少枚卵没有孵化？

450　枚

⑧ 5班的同学们去池塘参观后，用图表记录了看到的虫子的数量。他们看到的每种类型的虫子各有多少只？

● = 6只虫子　　◗ = 3只虫子

名称	虫子数量	总数
龟蝽	● ● ● ●	24只
负蝽	● ● ●	18只
龙虱	● ● ◗	15只
水蛭	◗	3只
水蜘蛛	●	6只

孩子将熟悉各种图表，并使用它们来理解和计算各种数据。本小节中的计数图表使用了计数符号和图像来表示收集到的数据。

答案：

208—209 体育运动
210—211 7个一组

208

① 亚当用59秒跑了400米，乔纳斯花了亚当两倍的时间，那么乔纳斯花了多长时间？

`118` 秒

② 3名自行车赛车手比赛，他们的速度分别是36千米/时、40千米/时和35千米/时。他们的平均速度是多少？

`37` 千米/时

③ 下面的表格是一个赛季足球比赛的结果；每赢一局比赛得3分，平局得1分，输了则不得分。每支球队分别得到了多少分？

球队	赢	输	平局	总分
英国队	8	2	5	29
美国队	7	3	6	27
日本队	7	1	7	28
巴西队	9	2	4	31

④ 网球锦标赛冠军获得的奖金是进入半决赛选手的4倍。如果半决赛选手获得了475000英镑奖金，那么冠军可以获得多少奖金？

`1900000` 英镑

209

⑤ 约翰投掷标枪的距离为64米，艾米投掷的距离比约翰少了，那么艾米投掷了多远？

`56` 米

⑥ 7名赛车手共得1645分，他们的平均得分是多少？

`235` 分

⑦ 有162名圆场棒球选手参加锦标赛，每支球队有9名球员，那么一共有多少支球队？

`18` 支

⑧ 游泳池的长度为25米，下面的图表显示了每个孩子的名字和游过这长度的次数，他们各游了多远？

名字	次数	总距离
哈利	10	250米
贾斯明	8	200米
杰米	6	150米
海蒂	5	125米

　　本小节涉及使用多个算式来解决问题。第2题是计算平均值，方法是先把这些数值加起来，然后除以这些数值的个数，也就是3。

210

① 一只狗每天吃3块零食，那么它7天一共吃了多少块零食？

`21` 块

② 将下面的每个数列补充完整：

0　7　14　`21`　`28`　35　`42`　49　56　63

84　77　70　`63`　`56`　49　42　35　`28`　21

35　42　49　`56`　`63`　70　77　`84`　91　98

③ 回答下列问题：

7乘6等于多少？ `42`

8的7倍是多少？ `56`

每组7个，5组一共是多少个？ `35`

④ 每张火车票7英镑，买6张一共需要多少钱？

`42` 英镑

⑤ 计算下列乘法题：

14	20	35	59	123	246
× 7	× 7	× 7	× 7	× 7	× 7
98	140	245	413	861	1722

211

⑥ 将下列每个数除以7：

0 `0`　　21 `3`　　49 `7`　　77 `11`　　98 `14`

⑦ 7本书共花费35.84英镑。如果每本书价格相同，那么一本书的价格是多少？

`5.12` 英镑

⑧ 计算下列除法题：

`12`　　`20`　　`15`　　`19`　　`32`
7)84　　7)140　　7)105　　7)133　　7)224

⑨ 将42把椅子平均分配给7张桌子，那么每张桌子可以配几把椅子？

`6` 把

⑩ 下面每组图形有多少个？

`49` 个　　　`21` 个

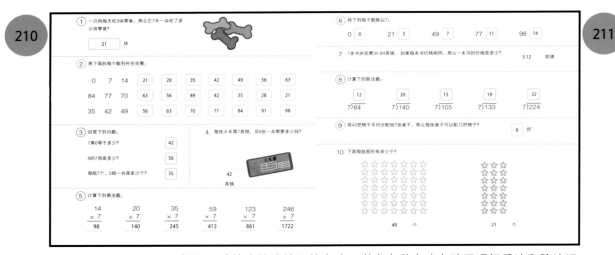

　　有些"消磨时间"提供了计算或检验结果的方法。学会多种方法有助于理解乘法和除法运算的概念。

212

1 15个星期一一共有多少天?
105 天

2 按1年有52个星期计算, 7年一共有多少个星期?
364 个

3 1个星期一共有多少个小时?
168 小时

4 爸爸每星期工作35个小时, 那么他4个星期一共工作了多少个小时?
140 小时

5 弗兰每天会骑30分钟自行车, 那么她1个星期一共骑了多少分钟自行车?
210 分钟

6 从星期一到星期六, 书店每天营业7小时。书店每个星期营业多少小时?
42 小时

213

7 克里斯每星期用105分钟的时间练习弹琴。如果他每天练习的时间相同, 那么他每天练习多长时间?
15 分钟

8 埃拉旅行了91天, 相当于几个星期?
13 个

9 爸爸预订了22个星期后的家庭旅游行程, 我们还需要等多少天才能去旅游?
154 天

10 金每天都做下面的事情, 那么她每个星期都会花多少时间做下面的事情?

看45分钟电视 → 315 分钟

玩30分钟电脑游戏 → 210 分钟

阅读1小时10分钟 → 490 分钟

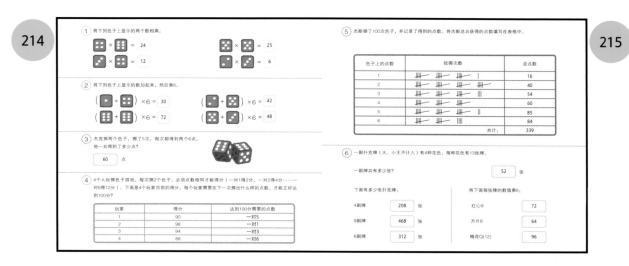

214

1 将下列色子上显示的两个数相乘。

□ × □ = 24   □ × □ = 25

□ × □ = 12   □ × □ = 6

2 将下列色子上显示的数加起来, 然后乘6。

(□ + □) × 6 = 30   (□ + □) × 6 = 42

(□ + □) × 6 = 72   (□ + □) × 6 = 48

3 杰克掷两个色子, 掷了5次, 每次都得到两个6点。他一共得到了多少点?
60 点

4 4个人玩掷色子游戏, 每次掷2个色子, 必须点数相同才能得分(一对1得2分, 一对2得4分……一对6得12分)。下面是4个玩家目前的得分, 每个玩家需要在下一次掷出什么样的点数, 才能正好达到100分?

玩家	得分	达到100分需要的点数
1	90	一对5
2	98	一对1
3	94	一对3
4	88	一对6

215

5 杰斯掷了100次色子, 并记录了得到的点数。将杰斯总共获得的点数填写在表格中。

色子上的点数	投掷次数	总点数
1	正正正	16
2	正正正正	40
3	正正正正	54
4	正正正正	60
5	正正正正	85
6	正正正	84
	共计:	339

6 一副扑克牌(大、小王不计入)有4种花色, 每种花色有13张牌。

一副牌一共有多少张? → 52 张

下面有多少张扑克牌?

4副牌 → 208 张

9副牌 → 468 张

6副牌 → 312 张

将下面每张牌的数值乘8:

红心9 → 72

方片8 → 64

梅花Q(12) → 96

答案:

216—217 8个一组
218—219 太阳系

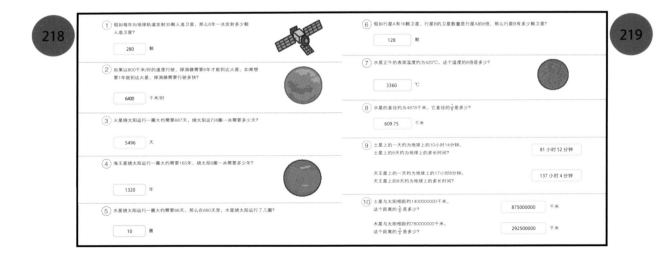

答 案:

220

① 下面各数的 $\frac{1}{2}$ 是多少?

18 [9]   10 [5]   6 [3]   24 [12]

② 下面各数的 $\frac{1}{3}$ 是多少?

12 [4]   27 [9]   33 [11]   42 [14]

③ 下面各数的 $\frac{1}{4}$ 是多少?

4 [1]   20 [5]   36 [9]   52 [13]

④ 一个盒子里有60根胡萝卜。计算下面有几根胡萝卜?

$\frac{7}{10}$ 盒胡萝卜: [42] 根

$\frac{1}{10}$ 盒胡萝卜: [6] 根 $\frac{2}{10}$ 盒: [12] 根

⑤ 有25根香蕉，其中 $\frac{1}{5}$ 被吃了。还剩下多少根香蕉?

[20] 根

221

⑥ 下面各数的 $\frac{3}{4}$ 是多少?

12 [9]   24 [18]   32 [24]   44 [33]

⑦ 48块比萨饼的 $\frac{1}{8}$ 是多少?

[6] 块

⑧ 40的 $\frac{7}{10}$ 是多少?

[28]

⑨ 一个班级有30人，其中有 $\frac{3}{5}$ 的人吃学校提供的午餐。那么，有多少人不吃学校提供的午餐?

[12] 人

⑩ 奥利弗摘了54个苹果，其中 $\frac{1}{6}$ 是烂苹果。那么，一共有多少个烂苹果?

[9] 个

在本小节中，孩子将掌握分数计算。请提醒他仔细阅读题目，这样就不会被问题所干扰。例如，第9题是问有多少人不吃学校提供的午餐，因此需要计算30个孩子的 $\frac{2}{5}$ 是多少。

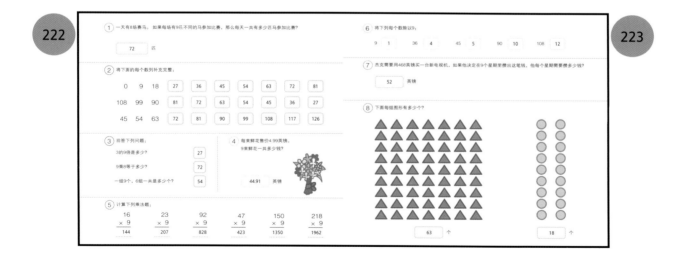

222

① 一天有8场赛马。如果每场有9匹不同的马参加比赛，那么每天一共有多少匹马参加比赛?

[72] 匹

② 将下面的每个数列补充完整:

0 9 18 [27] [36] [45] [54] [63] [72] [81]

108 99 90 [81] [72] [63] [54] [45] [36] [27]

45 54 63 [72] [81] [90] [99] [108] [117] [126]

③ 回答下列问题:

3的9倍是多少?　[27]

9乘8等于多少?　[72]

一组9个，6组一共是多少个?　[54]

④ 每束鲜花售价4.99英镑。9束鲜花一共多少钱?

[44.91] 英镑

⑤ 计算下列乘法题:

16 ×9	23 ×9	92 ×9	47 ×9	150 ×9	218 ×9
144	207	828	423	1350	1962

223

⑥ 将下列每个数除以9:

9 [1]   36 [4]   45 [5]   90 [10]   108 [12]

⑦ 杰克需要用468英镑买一台新电视机，如果他决定在9个星期里攒出这笔钱，他每个星期需要攒多少钱?

[52] 英镑

⑧ 下面每组图形有多少个?

[63] 个   [18] 个

答 案:

224—225 购 物
228—229 除 法

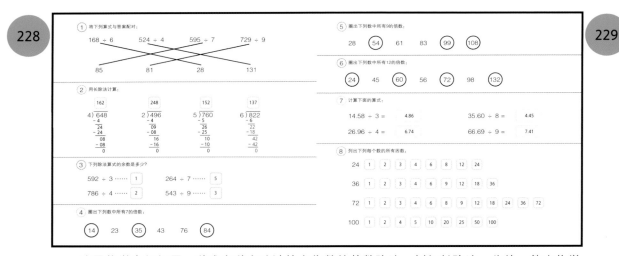

本小节展示了购物时所用的乘法和除法技巧。知道如何计算折扣，这对决定购买哪种商品非常有用。

孩子将学会如何用一种或多种方法计算多位数的整数除法，例如长除法。此外，他也将学会识别因数，以及每个因数的倍数。

250

答 案:

230

① 一位花农种了6排郁金香,每排有11个郁金香球茎。那么一共有多少个郁金香球茎?

66 个

② 将下面的每个数列补充完整:

0	11	22	**33**	**44**	55	66	77	88	99
143	132	121	**110**	99	88	77	66	55	44
66	77	88	**99**	**110**	121	132	143	154	165

③ 回答下列问题:

11乘4等于多少? **44**

每组7个,11组一共是多少个? **77**

12的11倍是多少? **132**

④ 艾莉以每件1.10英镑的价格购买了11件T恤。艾莉一共花了多少钱?

12.10 英镑

⑤ 计算下列乘法题:

14	25	69	33	81	100
× 11	× 11	× 11	× 11	× 11	× 11
154	275	759	363	891	1100

231

⑥ 将下列每个数除以11:

22 **2** 88 **8** 121 **11** 143 **13** 176 **16**

⑦ 计算下列除法题:

17 / 11)187   **27** / 11)297   **33** / 11)363   **52** / 11)572   **71** / 11)781

⑧ 下面每组的圆点有多少个?

121 个   **33** 个

232

① 将下面的每个数列补充完整:

5	10	**15**	**20**	**25**	30	35	40	45	50
60	**65**	70	**75**	80	85	90	95	**100**	105

② 将下面的每个数列补充完整:

4	8	12	**16**	**20**	24	28	32	36	40
7	14	21	**28**	**35**	42	49	56	63	70
25	50	75	**100**	125	150	175	200	225	250

③ 按规律填空:

④ 完成下面的表格:

×	0	1	2	3	4	5	6	7	8	9	10
6	0	6	12	18	24	30	36	42	48	54	60
9	0	9	18	27	36	45	54	63	72	81	90

233

⑤ 将下面的每个数列补充完整:

80	72	**64**	**56**	**48**	40	32	**24**	**16**	8
60	56	52	**48**	**44**	**40**	36	**32**	**28**	24

⑥ 按规律填空:

⑦ 完成下面的表格:

×	10	9	8	7	6	5	4	3	2	1	0
11	110	99	88	77	66	55	44	33	22	11	0
12	120	108	96	84	72	60	48	36	24	12	0

⑧ 将下面的每个数列补充完整:

200 190 180 170 160 150 140 130 120 110

150 148 146 144 142 140 138 136 134 132

本小节的数列展示了乘法表中的答案及其中的规律。第6题引出了平方的知识,也就是将一个数与其自身相乘,例如5 × 5 = 25。

答案:

234—235 12个一组
236—237 一天练一打

234

① 面包师1个小时可以制作12个面包，那么他3个小时一共可以制作多少个面包？

`36` 个

② 将下面的每个数列补充完整：

0 12 24 `36` `48` 60 72 84 `96` `108`

144 132 120 `108` `96` 84 72 60 `48` 36

60 72 84 `96` `108` 120 132 144 `156` `168`

③ 回答下列问题：

每组12个，5组一共是多少个？ `60`

8的12倍等于多少？ `96`

10乘12等于多少？ `120`

④ 卡拉以每包2英镑的价格购买了12包卡片，每包4张。卡拉一共花了多少钱？一共有多少张卡片？

`24` 英镑 `48` 张

⑤ 计算下列乘法题：

13 ×12	17 ×12	24 ×12	35 ×12	42 ×12	100 ×12
156	204	288	420	504	1200

235

⑥ 将下列每个数除以12：

0 `0`   48 `4`   84 `7`   132 `11`   192 `16`

⑦ 妈妈借了864英镑的贷款，她每月还相同金额的贷款，12个月还清。那么妈妈每个月需要还多少钱？

`72` 英镑

⑧ 下面每组图形有多少个？

`144` 个   `60` 个

236

① 将12个孩子分成3队玩游戏，每队有多少个孩子？

`4` 个

② 纸杯蛋糕以一盒12个的方式出售，那么15盒一共有多少个蛋糕？

`180` 个

③ 一打鸡蛋有12个，一箩鸡蛋有144个，那么一箩是多少打鸡蛋？

`12` 打

④ 12的因数有哪些？

`1` `2` `3` `4` `6` `12`

⑤ 20个孩子每人得到了12颗糖果，那么他们一共得到了多少颗糖果？

`240` 颗

237

⑥ 一位厨师12分钟可以做一打（12张）煎饼，那么他1小时可以做多少打煎饼？

`5` 打

⑦ 每小时有3列火车到达火车站，那么12小时一共有多少列火车到达？

`36` 列

⑧ 音乐家们在音乐会上表演了12首乐曲，这些乐曲的平均时长是4分钟。这些音乐家一共演奏了多少分钟？

`48` 分钟

⑨ 一次筹款活动中售出了900张抽奖券，其中一共有12张抽奖券会显示"中奖"。中奖的概率是多少？圈出正确的答案。

$\frac{1}{50}$ $\frac{1}{75}$ $\frac{1}{100}$

⑩ 吉尔每月参加一次10千米越野赛，那么她一年在越野赛中一共跑了多少千米？

`120` 千米

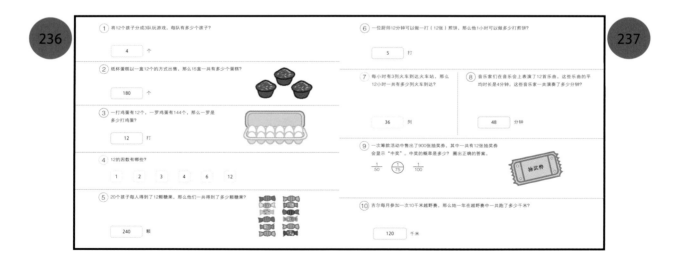

答案：

这些计时测验让孩子在一定的压力下完成，可以检测孩子快速回忆乘法表的能力。这种类型的测试会告诉孩子，如果卡在一道题上，可以跳过这道题继续做下一道题，如果时间允许的话，再返回去解决棘手的题目。记录孩子的得分情况和完成测试所需要的时间，然后重复测验，看是否有进步。

202 — 203

① 0 × 3 = 0	② 12 × 2 = 24	③ 9 × 5 = 45	㉛ 24 ÷ 3 = 8	㉜ 6 ÷ 2 = 3	㉝ 15 ÷ 5 = 3
④ 1 × 4 = 4	⑤ 11 × 5 = 55	⑥ 3 × 4 = 12	㉞ 30 ÷ 5 = 6	㉟ 9 ÷ 3 = 3	㊱ 30 ÷ 10 = 3
⑦ 7 × 3 = 21	⑧ 10 × 2 = 20	⑨ 2 × 2 = 4	㊲ 14 ÷ 2 = 7	㊳ 3 ÷ 3 = 1	㊴ 50 ÷ 10 = 5
⑩ 6 × 5 = 30	⑪ 11 × 4 = 44	⑫ 8 × 2 = 16	㊵ 40 ÷ 5 = 8	㊶ 2 ÷ 2 = 1	㊷ 90 ÷ 10 = 9
⑬ 4 × 4 = 16	⑭ 10 × 5 = 50	⑮ 2 × 5 = 10	㊸ 21 ÷ 3 = 7	㊹ 6 ÷ 3 = 2	㊺ 10 ÷ 10 = 1
⑯ 6 × 3 = 18	⑰ 10 × 9 = 90	⑱ 9 × 4 = 36	㊻ 18 ÷ 2 = 9	㊼ 27 ÷ 3 = 9	㊽ 80 ÷ 10 = 8
⑲ 1 × 5 = 5	⑳ 12 × 4 = 48	㉑ 6 × 4 = 24	㊾ 15 ÷ 5 = 3	㊿ 15 ÷ 3 = 5	51 60 ÷ 10 = 6
㉒ 7 × 4 = 28	㉓ 10 × 1 = 10	㉔ 12 × 10 = 120	52 40 ÷ 8 = 5	53 36 ÷ 3 = 12	54 70 ÷ 10 = 7
㉕ 2 × 4 = 8	㉖ 10 × 7 = 70	㉗ 10 × 10 = 100	55 18 ÷ 3 = 6	56 60 ÷ 5 = 12	57 110 ÷ 10 = 11
㉘ 8 × 4 = 32	㉙ 11 × 2 = 22	㉚ 0 × 2 = 0	58 30 ÷ 3 = 10	59 25 ÷ 5 = 5	60 100 ÷ 10 = 10

226 — 227

① 0 × 9 = 0	② 0 × 6 = 0	③ 8 × 9 = 72	㉛ 0 ÷ 7 = 0	㉜ 60 ÷ 6 = 10	㉝ 63 ÷ 9 = 7
④ 5 × 8 = 40	⑤ 7 × 8 = 56	⑥ 3 × 8 = 24	㉞ 0 ÷ 8 = 0	㉟ 99 ÷ 9 = 11	㊱ 84 ÷ 7 = 12
⑦ 2 × 9 = 18	⑧ 7 × 6 = 42	⑨ 2 × 7 = 14	㊲ 9 ÷ 9 = 1	㊳ 27 ÷ 9 = 3	㊴ 48 ÷ 8 = 6
⑩ 1 × 7 = 7	⑪ 9 × 9 = 81	⑫ 10 × 9 = 90	㊵ 6 ÷ 6 = 1	㊶ 96 ÷ 8 = 12	㊷ 72 ÷ 8 = 9
⑬ 2 × 8 = 16	⑭ 1 × 8 = 8	⑮ 12 × 6 = 72	㊸ 21 ÷ 7 = 3	㊹ 32 ÷ 8 = 4	㊺ 63 ÷ 7 = 9
⑯ 3 × 6 = 18	⑰ 9 × 7 = 63	⑱ 10 × 7 = 70	㊻ 24 ÷ 6 = 4	㊼ 45 ÷ 9 = 5	㊽ 35 ÷ 7 = 5
⑲ 4 × 7 = 28	⑳ 4 × 9 = 36	㉑ 11 × 6 = 66	㊾ 77 ÷ 7 = 11	㊿ 48 ÷ 6 = 8	51 54 ÷ 9 = 6
㉒ 8 × 8 = 64	㉓ 6 × 8 = 48	㉔ 11 × 8 = 88	52 80 ÷ 8 = 10	53 49 ÷ 7 = 7	54 12 ÷ 6 = 2
㉕ 9 × 6 = 54	㉖ 6 × 7 = 42	㉗ 12 × 7 = 84	55 36 ÷ 6 = 6	56 64 ÷ 8 = 8	57 56 ÷ 7 = 8
㉘ 5 × 6 = 30	㉙ 7 × 7 = 49	㉚ 12 × 9 = 108	58 40 ÷ 8 = 5	59 81 ÷ 9 = 9	60 108 ÷ 9 = 12

答 案:

238—239 计时测验 ③

238

① 3 × 9 = 27　② 19 × 4 = 76　③ 20 × 6 = 120　㉛ 54 ÷ 9 = 6　㉜ 245 ÷ 5 = 49　㉝ 85 ÷ 5 = 17

④ 1 × 7 = 7　⑤ 12 × 9 = 108　⑥ 12 × 8 = 96　㉞ 81 ÷ 9 = 9　㉟ 112 ÷ 8 = 14　㊱ 24 ÷ 3 = 8

⑦ 4 × 6 = 24　⑧ 10 × 8 = 80　⑨ 12 × 5 = 60　㊲ 56 ÷ 8 = 7　㊳ 100 ÷ 5 = 20　㊴ 92 ÷ 2 = 46

⑩ 5 × 4 = 20　⑪ 11 × 0 = 0　⑫ 11 × 2 = 22　㊵ 56 ÷ 7 = 8　㊶ 108 ÷ 6 = 18　㊷ 63 ÷ 3 = 21

⑬ 5 × 8 = 40　⑭ 11 × 6 = 66　⑮ 18 × 3 = 54　㊸ 42 ÷ 6 = 7　㊹ 456 ÷ 1 = 456　㊺ 28 ÷ 2 = 14

⑯ 8 × 2 = 16　⑰ 12 × 4 = 48　⑱ 16 × 2 = 32　㊻ 91 ÷ 7 = 13　㊼ 537 ÷ 3 = 179　㊽ 76 ÷ 2 = 38

⑲ 7 × 7 = 49　⑳ 10 × 5 = 50　㉑ 14 × 0 = 0　㊾ 40 ÷ 4 = 10　㊿ 860 ÷ 10 = 86　51 99 ÷ 11 = 9

㉒ 7 × 3 = 21　㉓ 15 × 9 = 135　㉔ 32 × 1 = 32　52 25 ÷ 5 = 5　53 240 ÷ 12 = 20　54 320 ÷ 10 = 32

㉕ 1 × 3 = 3　㉖ 17 × 8 = 136　㉗ 19 × 10 = 190　55 51 ÷ 3 = 17　56 143 ÷ 11 = 13　57 144 ÷ 12 = 12

㉘ 2 × 10 = 20　㉙ 15 × 7 = 105　㉚ 16 × 12 = 192　58 64 ÷ 4 = 16　59 121 ÷ 11 = 11　60 1000 ÷ 10 = 100

239

致　谢

感谢亚历山大·考克斯、温迪·霍罗宾、洛丽·麦克和潘妮·史密斯的编辑协助。
Thank you to Alexander Cox, Wendy Horobin, Lorrie Mack and Penny Smith for editorial assistance.

图片来源

出版方感谢以下人士或机构允许在本书中使用他们的图片：
（方位词缩写：A-上方；B-下方或底部；C-中部；F-远端；L-左侧；R-右侧；T-顶端）
Picture credits: The publisher would like to thank the following for their
kind permission to reproduce their photographs:
(Key: a-above; b-below/bottom; c-centre; f-far; l-left; r-right; t-top)

《猫头鹰博士的乘法表小课堂》插图：
For Easy Peasy Times Tables:
CGTextures.com: 5 (balloon), 6ca, 6cr, 7 (all images), 8 (socks), 9-32 (all images);
Redrobes 6cla; Richard 6cl. Corbis: Image Source 8t (sky). Fotolia: Richard Blaker 6fcra.

《生活中的乘法与除法》插图：
For Tricky Times Tables:
DK Images: 62crb; Indianapolis Motor Speedway Foundation Inc. 36br; Lorraine Electronics
Surveillance 58fbl, 63c; Natural History Museum, London 75cl; Stephen Oliver 39ca, 87ftr. Getty
Images: Stone / Catherine Ledner 37cr. iStockphoto.com: Avava 37tl; bluestocking 36cb, 36clb,
36crb, 36fclb, 36fcrb; Joel Carillet 37tc; Angelo Gilardelli 85cla; Lasavinaproduccions 71bl, 71cl,
71cla, 71clb; Vasko Miokovic 37tr; Skip ODonnell 37c, 79cr; Denis Sarbashev 75tl; James Steidl 39cl,
39fcl; Ivonne Wierink-vanWetten 81tl.

其他所有图片版权归DK公司所有。
欲了解更多信息，请访问：www.dkimages.com
All other images © Dorling Kindersley.
For further information see: www.dkimages.com